楊照——

故事效應

創意與創價

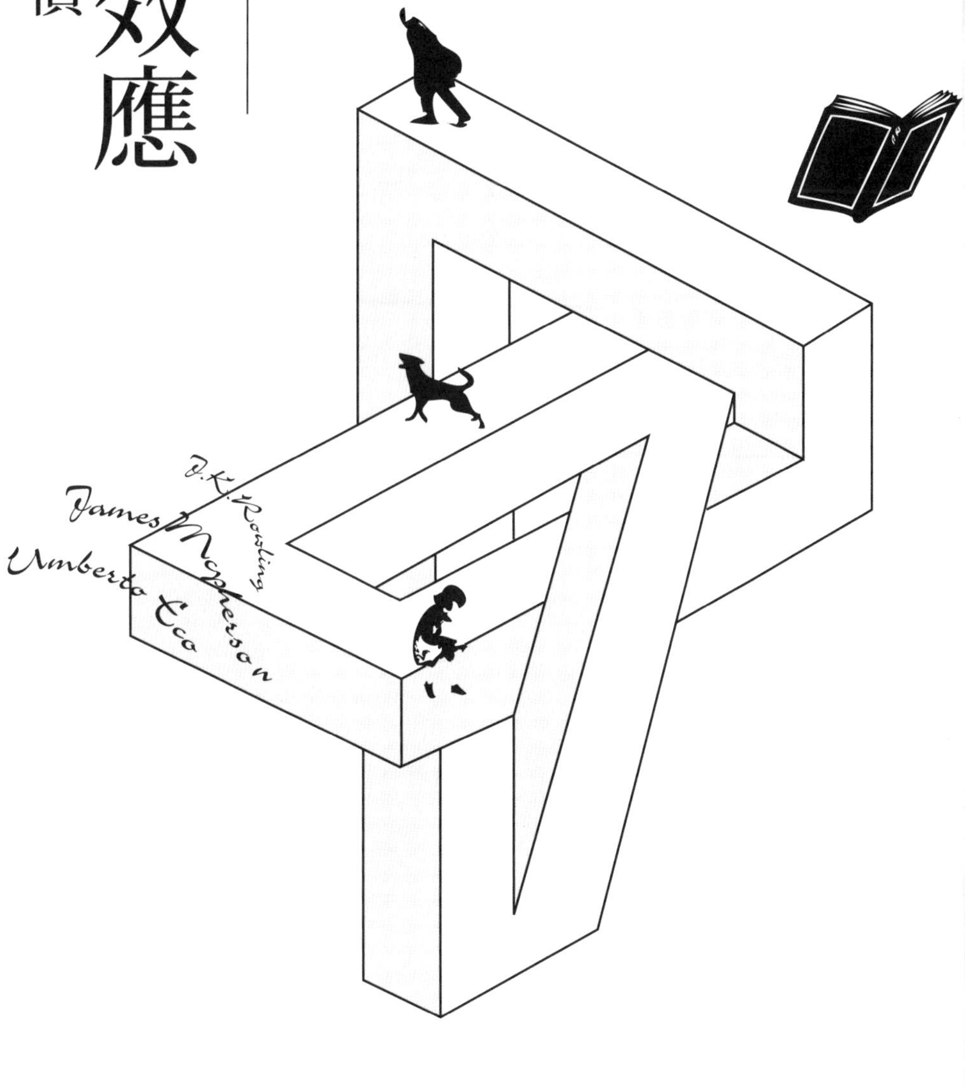

一本「關於故事的故事書」（自序）

因為相信幾件事，所以寫了這樣一本書。

我相信的第一件事：人具有被故事吸引的本能，不只喜歡聽故事，而且喜歡轉述故事，而且喜歡參與在故事裡。

故事，班雅明（Walter Benjamin）說得最透徹、明白，是「來自遠方的親身經歷」，點出了故事的兩項特質——故事不是切身、天天可以遭遇的經驗，還有，故事具備有讓人信以為真的能耐，這兩項特質，定義了故事。

我相信的第二件事：故事沒落了，不是因為沒有好的故事，也不是因為沒有好的說故事的人，而是因為聽故事的人消失了。更精確一點說，我們失去了聽故事的態度，沒有這種態度，再精采的故事我們也無法從中得到樂趣。

聽故事的人，首先要對日常生活以外的事物，抱持高度興趣。他不能看見每樣東西每件事，都先問：「這跟我有什麼關係？」「這對我有什麼用？」抱歉，故事迷人之處，正就來自其陌生希奇，不是隨便會有用，會和我們發生切身關係的。聽故事的人，還得願意相信陌生希奇的事真的發生過、真的會發生。他也不能先抱持了「哪有可能！」「別唬弄了！」的懷疑，去面對所有不在他經驗範圍的事。

故事沒落，其實是一個社會的警訊，表示這個社會大部分的人，習慣於日復一日重複熟悉的經驗，以為那就是天經地義，不相信在此之外有別種生活，有非常傳奇。這樣的社會，一直在自己有限的經驗中打轉，怎麼可以有什麼創意呢？

這就是我相信的第三件事——不愛聽故事、不會聽故事的人群、社會，封閉、自我、功利，也就不可能太有創意。

不過既然人的天性中有被故事吸引的本能，因此我們也就有機會、有可能復活故事，讓「故事意識」沉睡了的人，醒來重新領會故事的絕妙好處，享受故事單純、乾淨的樂趣。從睡到醒，關鍵在於：讓大家比對理解，相較於故事中展現的廣幅人生可能性，我們的現實生活多麼狹窄；相較於故事中的傳奇轉折，我們能夠親身遭遇的生命戲劇何其平淡。換句話說，讓大家轉個大彎，對現實不耐，對故事既羨慕又忌妒。

「故事意識」有可能被喚醒，可以召喚一批新的「聽故事的人」，這是我相信的第四件事。我還相信第五件事：故事的好處，只能靠故事來彰顯，不可能用說教說理來進行，說理就不是故事，人無法被「說服」去享受故事，人只會在享受故事之中想望更多的故事。所以只能用故事來引領故事，用故事來示範故事的迷人特性。

因而，這是一本「關於故事的故事書」。用一個接一個故事來說明：喜愛故事是天生的，然而生活的規律反覆磨損了我們對於故事的敏感，同時也就弱化了說故事的本事，如果重新培養了說故事的能力，那就能夠在故事貧乏的時代，刺激創意並創造價值。

關於故事的道理，三兩句話就可以說完，但是故事本身，各種人間戲劇傳奇，卻可以一直說一直說。

楊　照
二〇一〇年七月

目錄

深藏在人類經驗中的故事衝動

—第一章—

第二章

故事的功能

—第三章—

說故事的方法

重新認識故事，拾回對故事的好奇心

—第四章—

第一章

深藏在人類經驗中的故事衝動

1.

故事比現實、比真實更多樣更豐富。

安貝托．艾可＊在他的小說《昨日之島》＊中，寫了一段「小說中的小說」。小說主角羅貝托困在擱淺的船上，無法可想，只好——寫小說。羅貝托想像一個鬼影般存在的弟弟費杭德假扮自己，勾引了自己的夢中情人。兩人搭一艘船在海上航行，到了一個又一個奇怪的島嶼。

他們登岸的第六個島，那裡的人每天一直說話一直說話，而且說的都是關於別人的閒話。原來在那個島上，人們相信：活著最重要的目的與意義，就在於成為人家的話題，被人家議論，如此人才活得下去。因此，在那個島上，犯了錯的人可能遭遇的最嚴重懲罰，就是大家都不談論他，於是他就會在眾人刻意的忽視下活活悶死。

這樣一個「八卦島」，沒有八卦就活不下去！更有意思的是，島上居民清楚意識到，發生在人間的真實八卦情節，其實蠻有限的。一不小心，島上的張三和李四就有太類似的故事；甚至一不小心，王五就沒有什麼可供談論的事發生在身上。那怎麼辦？

一定要想出方法來，讓每個人都有些可以被談論的內容，支撐巨大的八卦議題需求，不至於有誰被冷落了活不下去。於是，島民們建造了一個巨輪立在村子的廣場上。巨輪由六個同心圓構成，每一個圓都能獨立轉動，第一個圓隔成二十四格，第二個圓三十六格，第三個圓四十八格，第四個圓六十格，第五個圓七十二格，最外面一個圓有八十四格。不同格子標示不同動作、不同情感、不同狀況、不同時間地點。輪子一轉動就產生豐富的組合，例如：「昨天——幫助——遇見——仇人——欺騙——病痛」，看這些格子產生的提示，島民就可以開始談論：「啊，張三昨天在路上剛好碰到仇人，那個仇人以前對他之壞的，把他騙得團團轉，可是現在仇人病痛纏身，所以張三反而幫助了仇人。」這樣，張三就有故事可供談論了！

怕誰沒故事了，島民只要去轉輪子就好了。利用轉輪，可以搭配出七億兩千兩百萬種不同的故事，哇，太夠用了！

有人可能要問：但故事不是真的啊？張三沒有真的遇見病痛纏身的仇人，不是嗎？是啊，但誰叫張三自己沒有別的遭遇可供人家談論嘛！

故事比現實、比真實更多樣更豐富，這是人需要故事、離不開故事，一個根本原因。人類最獨特的生物性質，包括了擁有遠超過自己經驗以外的想像力，和擁有遠超過現實真實範圍以外的好奇心。沒有別的動物——就連貓都不可能——像人一樣好奇。也沒有別的動物，像人一樣怕無聊。不斷重複的現實多無聊，只有現實事實的生命多麼不起眼。現實不足以提供刺激的話題，釋放、發洩人的想像與好奇，還好有故事來幫忙。**故事取材現實，卻將材料做了各種現實以外的混合方式，正因為不現實，正因為不是事實，所以有趣，所以有價值。**

〈知識放大鏡〉

＊ 安貝托．艾可（Umberto Eco, 1932-）

義大利學者，身兼哲學家、歷史學家、文學評論和美學家等多重身分，更是全球知名的記號語言學權威。他的三部小說《玫瑰的名字》、《傅科擺》、《昨夜之島》被譯為多種文字，本本席捲各地暢銷排行榜。

讀艾可的小說，讀者需要對歐洲中世紀的歷史文化，特別是基督教教派的發展史有一定了解，否則很難理解小說的內容，因此他的作品被評為典型的「知識分子小說」。

＊ 《昨日之島》

這部小說背景為十七世紀歐洲各國為了航海霸權的需求，千方百計尋找經線的定位方式。1643年夏天，負有祕密任務的商船阿瑪利里斯號遇難了。唯一的倖存者羅貝托，漂流到棄船達芙妮號上，遇到了耶穌會的神父卡斯帕，兩人不約而同地尋找同一個目標——地球表面虛擬的分日經度線。這條能劃分昨日今日，將今日之島轉化成昨日之島的時間分界線，到底要如何測度呢？神父打算從海底行走到那座神奇之島上，卻一去不返。羅貝托在船上思緒混亂，寫下「小說中的小說」。……

2.

故事是假的，帶給讀者的眾多感應，永遠都是真的。

春風啊！你為何要將我喚醒？你輕輕撫摸著我的身體，對我說：「我將以天上的甘霖滋潤你。」可是，我的衰時將近了，風暴即將襲來，吹打著我枝葉飄零。明天，有位旅人將要到來，他見過我的美好青春；他的眼睛將在曠野中四處尋覓，卻再也找不到我的蹤影……

念著這段詩，維特完全被詩中悲鬱的情緒征服了。絕望中，他撲倒在聆聽他念詩的夏綠蒂腳下，抓起她的雙手，將它們按在自己眼睛上，再按在自己的額頭上。夏綠蒂一時激動，也抓著維特的手按在自己的胸口上，並彎下身子來，兩人的臉頰依偎在一起。維特將夏綠蒂緊緊抱入懷中，同時狂吻起她顫抖的嘴唇。夏綠蒂叫：「維特！」同時將頭扭開。

維特放開了夏綠蒂，瘋了似地跪在她跟前。夏綠蒂逃開了，走避到隔壁的房間去。

這是維特第一次擁抱親吻他深愛的夏綠蒂，卻也是他最後一次見到夏綠蒂，當天夜裡，為愛情所苦的維特，就開槍結束了自己的性命。

這是歌德名著《少年維特的煩惱》中，感動了多少讀者的結局。能讓此情此景長留人心，除了歌德的妙筆外，小說中維特對夏綠蒂朗讀的那首長詩應該也功不可沒吧！

那首詩的作者，是莪相（Ossian）*，一位蘇格蘭古代的歌者。他留下了兩組哀涼淒美的古歌，裡面幾乎都是對於生命與愛情之必然頹毀的悲嘆。一七六〇年代，一位蘇格蘭詩人麥可菲生（James McPherson）發現了這些詩歌，將之翻譯成英語，得以流傳。沒多久，莪相的詩傳入德國，風靡了赫德爾（Herder）跟歌德他們那一群狂飆運動的成員，歌德尤其鍾愛莪相的詩，自己動手將這些詩譯成德文。

最讓歌德感動的，是時空隔絕的古蘇格蘭，竟然有人如此貼近地表現了跟他一樣的情感。被大自然包圍，享受大自然的美好，同時敏銳地感知人與自然最大的差異——相較於自然，人的生命如此短促、如此瑣碎。莪相的詩建立在這樣的對比上，多麼神奇啊，歌德那一代年輕的靈魂也被同樣的主題反覆折磨著。莪相的詩對歌德證明，有一種深沉卻弔詭美好的悲觀，可以穿越時空連續類似的心靈，而那深沉卻弔詭美好的悲觀，也是歌德試圖要用文學來捕捉發揮的。

寫作《少年維特的煩惱》時，歌德並不知道，其實世界上從來沒有一個叫莪相的古蘇格蘭歌者。那些掛在莪相名下的詩，真正的作者就是只比歌德早十三年出生的麥可菲生。麥可菲生創造了一個虛構的古代歌者，把自己寫的詩包裹在虛構的莪相故事裡。

如果本來知道那些詩是麥可菲生寫的，歌德不會那麼受到感動吧！**感動他的，不只是詩本身，而是放在古代歌者故事中的詩。那故事，我們現在知道，是假的，但，歌德的感動，歌德將感動寫進《少年維特的煩惱》帶給讀者的眾多感應，卻是真的，永遠都是真的。**

〈知識放大鏡〉

*** 莪相** (Ossian)

古蘇格蘭說唱詩人。1762年，蘇格蘭詩人麥可菲生（James McPherson，1736-1796）聲稱「發現」莪相的詩，並翻譯《芬戈爾》和《帖木拉》兩部史詩，先後出版，於是「莪相」詩篇傳遍整個歐洲，對早期浪漫主義運動產生重要影響。實際上，這些作品大部分是麥可菲生的創作。學術界一致認為，被浪漫化了的史詩《莪相集》並非是莪相的作品，而於十六世紀前期整理出版的《莪相民謠集》才是真正的古蘇格蘭的抒情詩和敘事詩。歌德當時讀到的莪相詩是麥可菲生寫的，不能與真正的莪相詩篇《莪相民謠集》相混淆。

3.

故事是連絡已知與未知的奇妙橋樑。

舒曼*的鋼琴曲集《兒時情景》*，用音樂整理他孩童時期的經驗與記憶。開頭第一首，標題是「未知的國度與人們」，顯然，舒曼留下最深刻印象的，就是孩童時期跟周遭世界特殊的關係。作為一個小孩，舒曼記得「知道自己的不知道」。小孩能了解能掌握的生活世界，只有那麼一小圈，在一小圈之外，存在著巨大的未知，那裡必然有未知國度裡不一樣的風土和不一樣的人們。

小孩不只知道有巨大「未知國度」的存在，而且他們不像大人一樣，可以安然地與未知共存。很多大人也都明白自己經驗與知識有限，不過他們學會了輕而易舉將之排擠在意識干擾之外，他們學會了對自己說：「啊，那些與我無關，我可以不知道，我根本不需要知道。」

小孩沒有辦法下定決心，什麼跟他有關，什麼跟他無關。他對一切未知的人與事抱持著濃厚好奇與興趣。可是，他要如何去碰觸「未知的國度與人們」呢？

又是舒曼給我們明確的答案。《兒時情景》的第二首，接在「未知的國度與人們」後面的，是「奇妙的故事」。

故事是連絡已知與未知的奇妙橋樑，或者該說，故事是將未知引進到已知中最神妙的窗口。孩童沒有辦法真的走到未知的國度裡，聽未知的人們說話，沒關係，他們聽故事，甚至編故事，用自己已知的各種知識重組，來拼湊想像中的未知國度與人們。

事實上，不只孩童這樣做，大人也是。甚至連那些真正去到未知國度的大膽冒險家，他們都還是依賴故事來對自己說明，眼前看到的陌生景象，究竟代表什麼樣的意義。

大航海時代第一次去到熱帶雨林的歐洲人，被那裡巨大的植物嚇到了。每一片葉子，每一根樹枝，每一條藤蔓，都是已知歐洲同類東西的好幾倍大，好幾倍濃綠。還有林子裡的鳥類，不只巨大，而且閃耀著不可思議的輝煌顏色。探險家努力蒐集能夠裝到船上帶回去的樣品，那蒐集不到的呢？他們就編成故事帶回去。

他們借用了自己聽過的希臘神話，編了亞馬遜王國的故事。既然那裡的植物與鳥類都如此巨大，那裡的人也應該等比例放大吧！所以亞馬遜王國裡的人，一定高壯而且氣力無窮，還有——那裡的力士都是女人！

探險家看到這些力大無窮的女武士了嗎？顯然沒有，正因為他們沒有在雨林裡找到任何人任何王國，所以只能、也必須訴諸故事，來補上「未知國度」欠缺了的拼圖。既然雨林的物種跟已知的世界相差那麼多，那裡的人不能不特別一點吧？既然歐洲的武士都是男的，那雨林的武士，空前巨大英勇的，應該換成女的，才合理吧！

那是故事的「合理」，比對已知想像未知，探險家把女武士的故事帶回歐洲，四處流傳，幾百年後，雨林被探勘開發得沒剩什麼神祕未知成分了，然而那些熱帶植物與鳥類包圍下的恐怖女武士的故事，卻還留著，不曾消失。

〈知識放大鏡〉

* 舒曼 (Robert Schumann, 1810-1856)

德國作曲家，出生於德國茨維考（Zwickau）。舒曼自20歲跟隨維克（Friedrich Wieck）學習鋼琴與和聲。22歲那年因右手無名指受傷，無法繼續演奏，只好放棄成為鋼琴家，專心作曲。舒曼寫了許多鋼琴曲，尤其在與老師的女兒克拉拉・維克（Clara Wieck）交往後，更是常常作曲讓琴藝極佳的克拉拉彈奏。兩人不顧老師的反對，於1840年結婚。
1841年，舒曼的「第一號交響曲」在孟德爾頌的指揮下，於萊比錫演出，獲得成功，大大地鼓舞了舒曼。也因著克拉拉的鼓勵，讓舒曼的創作靈感更加豐富，除了交響曲，他也開始寫協奏曲、室內樂。克拉拉也是舒曼音樂最佳的詮釋者。
但是從1843年起，舒曼就出現了精神異常的情況，還曾跳河自殺，隨後被送往波昂的私人精神病院療養，1856年在此去世，享年46歲。

*《兒時情景》(Scenes from Childhood)

德國浪漫派作曲家舒曼，在28歲時所寫的鋼琴小曲集。這十三首小曲的內容，都是在描述孩子們無憂無慮的玩耍，圍在火爐旁聽著大人說故事，或是在大廳中奔跑嬉戲的情景。這部《兒時情景》是舒曼在追憶自己孩提時的光景，並非為兒童所寫。
關於這部作品，舒曼在寫給愛妻克拉拉的信裡是這麼說的：
「我像長了翅膀一樣，寫下三十首可愛的小曲，然後選了十三曲，附上《兒時情景》為題。沒有別的作品像這些音樂般，真正從我心裡流瀉出來。其中每一小曲的曲題，都是事後追加的，這是為了彈奏或了解的方便才做的。我深信妳一定會喜愛這些曲子。」
其中最為膾炙人口的，當屬其中的第七首《夢幻曲》。長度僅僅二分半鐘，因受許多人喜愛，日後也被改編為小提琴或管弦樂的版本。

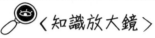

4.

每一個故事最核心講的，其實都還是人與世界的關係。

上帝是人類歷史上，最偉大的一個故事。洪荒蒙昧時代，剛剛開發的人類感官、智慧，發現了周遭世界種種神奇現象，隱約直覺所有現象，彼此之間應該有所關聯，不會都是獨立、個別存在的，不知花了幾千年的時間，他們終於找出了世界關聯的解釋——上帝，一個巨大的、全面的意志，創造這一切，掌握了這一切。人鬆了一口氣，藉由上帝的故事，解釋了世界存在的根本理由。

萬事萬物透過上帝連結在一起，就可以將所有不可解釋的東西，通通推給上帝，也因而，上帝的終極意志，必然要是神祕的。世界上所有不明白的道理，轉而都成了人對上帝的不了解。上帝要這樣就這樣，於是，這個故事暫時止息了人的好奇。

《聖經》上寫得清清楚楚，不可以臆測上帝的意志。人和上帝隔著永遠不可跨越的鴻溝，測探、解釋上帝，構成最嚴重的僭越，人以為自己的智力智慧能夠跟上帝平起平坐？別妄自尊大了！

然而，這條禁令畢竟無法貫徹。因為這條禁令的存在，成了上帝故事的內在漏洞。人之所以需要上帝，之所以相信上帝，不正因為人太好奇了，不能忍受周遭這麼多神祕古怪的現象嗎？上帝故事解釋了現象，可是一轉身，上帝本身變成最神祕最古怪的。

整個西洋中世紀，時間、精力都花在理解上帝的不可理解性上。這就是神學的任務。神學負責保護上帝故事，壓抑其他故事挑戰上帝故事，另闢蹊徑來解釋世界。

真正使得神學瓦解的，是航海冒險帶回來的眾多新鮮發現。大航海時代復活了人們的「故事衝動」。那些冒險遠行的人看到了前所未見的、前所未聞的東西，好不容易拖一條命回到陸地上，怎麼可能不講航程中的所見所聞？另一方面，生活領域中突然擠進那麼多光怪陸離的遠方事物，人們怎能不好奇這些光怪陸離和原本熟悉的稀鬆平常有什麼關係？「都是上帝創造的」，舊有說法越來越難支應，人們開始在上帝以外，尋找、甚至捏造其他故事，幫忙把那麼多的新鮮東西整理進來。

從一個意義上看，科學的興發，也是呼應了那個時代的「故事衝動」。人需要的，是可以說服自己，讓自己相信的說法，以便在世界中安置自我。每一個故事最核心講的，其實都還是人與世界的關係，解釋世界、安排世界。原初神話是這種功能的故事，基督教、佛教是這種功能的故事，科學又何嘗不是這種功能的故事？

什麼時候故事會勃興？當人迷惘疑惑，又找不出現成抽象道理答案時，人就講故事安頓自己的迷惘疑惑。那，什麼時候故事沒落，人跟故事疏遠疏離呢？當人不再對奇特事物好奇，以為幾句格言幾條公式就可以解釋盡了世界現象；或者當人可以安於裂解生活，不再覺得萬事萬物應該有彼此連結的關係。

故事不死，只是有時會僵化少了活力。

5.

故事也是人類理解周遭世界，最初的手段。

故事是人類最原始的衝動之一，故事也是人類理解周遭世界，最初的手段。在論理、分析能力充分發展之前，面對新鮮、陌生、帶來最大恐懼與最大喜悅的環境，人只會用故事來幫助自己應付。

怎麼會有山有水，有空間有時間？不可能了解大爆炸理論，不可能挖掘研究地層資料的人，就說故事。

一個熟悉的故事說：

起初，神創造天地。地是空虛混沌，淵面黑暗。神的靈運行在水面上。神說要有光，就有了光。神看光是好的，就把光暗分開了。神稱光為晝，稱暗為夜。有晚上有早晨，這是頭一日。

這個古猶太人講的故事，藉著《聖經》一路流傳下來，流傳了幾千年。

另外有一個故事，也是關於光的起源的，則是住在北極圈的伊紐特人說的。他們說世界剛形成的時候，有一隻烏鴉在尋找啄食掉落在地上的豆子，牠找啊找，找得很辛苦，心裡便想：「這世界上如果有光，可以看得到地面上的豆子，那麼啄食起來就簡單多了。」烏鴉很認真地想啊想，結果世界就充滿了光亮。

都是解釋之所以有光的故事，光是同樣的，但透過不同的故事，光與人，世界與人的關係就變得不同了。讀《聖經》的人感謝上帝，崇拜上帝；相信烏鴉故事的人，卻因此對於期待、希望，具備高度信心。只要我們衷心期望，就會有莫名的力量實現我們的期望，這就是光，這就是烏鴉與光的故事明白顯示的。

即使人學會了論理、分析，不再需要這樣的故事幫我們解釋世界的因由，故事都還像有了自己的生命般，換不同方法繼續影響我們的心情與信念。

伊紐特人的烏鴉故事被寫入法國猶太裔作家西蒙娜．薇伊（Simone Weil）＊的書中，在黑暗的大戰時期維持信念：「如果真的希望、期待和祈願，只要真的如此寄望，那麼所持有的希望終將得以實現。」記錄了這個故事的書，二十多年後被日本作家大江健三郎*讀到，那時他的兒子，一個腦部先天殘缺的小孩剛誕生，極度悲觀中，大江健三郎受到了簡單烏鴉故事極深刻的衝擊。

大江衝動地跟自己的母親說：「孩子就叫烏鴉吧，我想好了。大江烏鴉就是你孫子的名字。」母親氣得轉頭就走，不跟他說話。還好，第二天，真的要去戶籍事務所登記了，大江健三郎改變主意，把兒子叫做「光」。

大江光雖然腦部受損，智力發展不完整，但既然叫做「光」，父母就把自己當作那在地上啄食豆子的烏鴉般不斷地期待、希望。後來，父親發現大江光對於鳥叫聲有格外敏銳準確的反應，從而讓大江光接觸音樂，別人眼中的智障遲緩兒，慢慢成長為具備特殊能力的音樂家，不只作曲也能上台指揮樂團演出。

烏鴉的想望，真的叫喚來了光，不必回到世界初創的上帝心情裡，也能有光。

〈知識放大鏡〉

＊ 西蒙娜・薇伊
(Simone Weil, 1909-1943)

法國哲學家、社會活動家、神祕主義思想家，著有《重負與神恩》、《信仰與重負》等論述。

＊ 大江健三郎 (1935-)

日本諾貝爾文學獎大師。出生於四國偏僻山村，於東京大學修讀法國文學，1958年以《飼養》獲得第三十九屆芥川賞。

1963年，天生腦部殘缺的長子光出生，以及訪問廣島原子彈爆炸事件，改變了大江健三郎的文學和人生，使他開始思考關於「死亡」與「再生」的意義。

1994年，因其作品中「存在著超越語言與文化的契機、嶄新的見解，開闢了二次世界大戰後日本文學的新道路」而榮獲諾貝爾文學獎。多部作品被譯為英、法和瑞典文。

在口述自傳《大江健三郎作家自語》中，提到因閱讀法國作家西蒙娜・薇伊書中烏鴉故事而影響長子命名的源由。

6.

我們需要比反覆生活規律豐富的傳奇故事，來讓規律生活變得可以忍受。

一位朋友的女兒，十歲時一定要爸媽帶她去英國愛丁堡旅行。千里迢迢到了愛丁堡，她哪裡都不要去，心中牽掛的只有一家街角的咖啡館。看著地圖找到了那地方，啊，咖啡館不見了，改開了中國餐廳。十歲的小女孩，看著那餐廳，眼中冒出怒火，然後開始傷心地哭起來。

她要去看J. K. 羅琳開筆寫《哈利波特》的那家咖啡館，感受失業的羅琳推著娃娃車，在咖啡館中坐一整天把哈利波特創造出來的具體過程。她長得夠大，而且她活在一個太清醒理性的社會中，她知道不可能去找「九又四分之三月台」，沒有希望親身參觀霍格華茲學校，然而，閱讀的過程中，她身體裡有強烈的衝動，要跟哈利波特的傳奇世界發生直接關係，所以她非去愛丁堡不可。

我想我了解十歲女孩的想望，還有她的傷心哭泣。多年以前，我第一次到美國首府華盛頓特區，朋友好心到機場來接，飛機抵達的時間離秋日天黑大概還有兩三小時，朋友就問：「你最想去哪裡？趁天黑前先去吧！」我沒有要看白宮，沒有要看國會山莊，也沒有要去國家美術館，我興奮地講了兩條街的交口。朋友臉上浮上困惑，他知道那個地方，但是，「那裡什麼都沒有啊！」

我硬賴著朋友開車帶我去。車停下來，朋友轉過頭，提高音調說：「這裡，什麼都沒有啊！」我東張西望，指向前面的建築物，問：「那是一座停車場？」朋友回答：「老舊的破停車場！」我接著說：「等我二十分鐘就好。」隨即開門下車，朝停車場跑去。

二十分鐘後，我心滿意足回到車上，朋友一臉狐疑：「你到底在幹麼？」我沒有幹麼，我在尋求參與傳奇故事的感動。那段時間，我看了勞勃瑞福演的電影*，講兩個《華盛頓郵報》的年輕記者，如何靠著鍥而不捨精神，把一條看似無聊的小新聞追查到底，結果挖出了轟動的「水門案」，硬是將世界上最有權力的美國總統揪下台。我又看了幾本講「水門案」的書，產生了對新聞正義故事的強烈認同。

「水門案」裡有一個神祕的「深喉嚨」，提供記者伍渥德消息。要找「深喉嚨」時，伍渥德早上就將一盆小花擺在窗台上，「深喉嚨」開車經過看到，當天的深夜，他們就在一座停車場約定的角落會面。

是的，我找到那座停車場，進入「水門案」故事的場域中，親近故事，感受故事，因而覺得自己的生命沾染傳奇，沒有那麼平庸無聊。我也設想過，如果那座停車場消失改建了，我一定馬上垮下臉來，心底暗罵。

我們需要比反覆生活規律豐富的傳奇故事，來讓規律生活變得可以忍受。《哈利波特》和「水門案」都是傳奇故事，雖然表面上看來如此不同。《哈利波特》和「水門案」都引導我們想像嚮往：如果生活可以充滿這樣的戲劇性多好！**人有追求生命戲劇性的本能，只是往往在我們成長受教的過程中，這種本能被扭曲壓抑，以為只有小孩才應該被這種戲劇性吸引，以為這種戲劇性有害現實利益。**

不，不可能，無論如何功利的算計訓練，都取消不了人朝向傳奇，尋訪故事經驗的衝動的。

〈知識放大鏡〉

＊ 電影《大陰謀》
(All The President's Men)

改編自震撼全球的真實事件「水門案」的電影《大陰謀》，由達斯汀霍夫曼和勞勃瑞福主演。敍述在1972年美國大選期間，兩名《華盛頓郵報》記者伍渥德和卡爾伯恩斯坦在水門飯店發生一起闖空門事件，居然牽扯出一項驚動全球的可怕陰謀。這一發現不僅讓這兩名記者一夕成名，也改變了美國的命運……

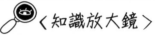

7.

對於突顯身分與名字的故事，我們有著天生的好奇弱點。

那是十幾年前、快二十年前的事了，早在「小強」成為蟑螂的普遍代名詞之前。我們幾個人在和平東路上的「芳鄰餐廳」喝咖啡聊天，突然一道黑影從腳邊閃過，眼睛最尖的張大春馬上抬臂招了旁邊的女服務生，故意用一種不動聲色的口氣說：「剛剛有一隻老鼠跑過去……」那個女孩竟然也就輕描淡寫地回了一句：「你是說小強啊！」

一座絕倒，連反應超快的大春都一時啞然失笑，不曉得該接什麼話，當然本來在一家餐廳看見老鼠橫行的不可思議心情，以及興師問罪的怒氣，也都在那瞬間消失了。

「你是說小強啊！」這麼簡單的一句回話，為什麼會有偌大的力量？因為簡單一句話，卻徹底改變了那隻老鼠的意義，牠不再是隨便一隻因為廚房不乾淨而闖進來的老鼠，不是清潔品管失敗的證據，這隻老鼠有了一個名字，有了一個身分，也就似乎有了在這個空間跑來跑去的道理。

不是真正的道理，毋寧是故事，或故事的暗示。女孩的話語顯示，這隻叫做「小強」的老鼠是有來歷的，牠有特殊的本事或特殊的經驗，所以才有了專屬的辨識稱呼。

對於身分，對於名字，對於突顯身分與名字的故事，我們有著天生的好奇弱點。我們的直覺慾望，會從原本習慣的反應——過街老鼠必除之而後快——轉變成想要知道：為什麼它會叫「小強」？牠在這個廚房這個餐廳有過怎樣的奇特表現嗎？

運用這種本能的故事好奇，以及好奇探問產生的自然親密感受，不只可以堵住興師問罪的餐廳客人。愛滋病全球肆虐，南非受到的影響最大，不管從被感染的總人數或所占人口比例看，南非的狀況都極慘。更糟的是，那麼多人感染愛滋，卻無法立刻改變眾多南非人討厭使用保險套的行為。根深柢固的觀念，覺得用保險套是

「不自然」的，而且傷害男性威風，還讓女人無法充分投入。

二〇〇三年，一位叫昆恩的南非劇作家、喜劇演員一時興起，以保險套造型創造了三個角色，Shaft、Dick和Stretch。一個是高瘦的黑人，頭上反戴棒球帽，一個是身穿開襟夏威夷衫的白人，還有一個矮矮胖胖模樣滑稽。這三個傢伙，每天腦袋裡想的都是怎麼找女人上床，在不斷的冒險過程中，三個朋友，也就不斷凸顯了保險套的重要性。

「三個朋友」（Three Amigos）慢慢擴展成系列卡通，每段劇情長則一分鐘，短則只有十五秒，很快地，這三個朋友成了南非人生活中的熟悉成分，進而開始有人用三個朋友的名字稱呼保險套，或者索性就將保險套叫成「Amigo」。保險套有了不同的名字，也有了自己的身分故事。

「三個朋友」問世一年，南非保險套的銷量，就比前一年同期暴增了百分之二十二！接著其他國家，包括美國紛紛引進「三個朋友」，作為防治愛滋的重要手段。

保險套不再是保險套，大家都會比較喜歡有故事有來歷的「朋友」吧！

8.

那想像中的生命，對觀眾而言，跟現實的生命一樣可貴。

美國公共電視系統的使命是：「提供具有訓練、教育、文化目的的節目，容許創意冒險，滿足弱勢觀眾，尤其是兒童與少數族裔的需求。」這樣明白的使命宣言，注定了美國公共電視系統的工作人員，還有他們製作出來的節目，必然傾向於批判現實，也必然對既得利益者不友善。

可是美國公共電視系統的經費，有一半來自於政府預算。這筆錢（目前大約每年二十億美金，六百多億台幣）需要經由國會同意撥支。美國國會裡的右派保守主義者，不可能喜歡公共電視的節目，也不可能不利用審查預算的機會修理公共電視。

一九九〇年代，尤其是共和黨控制眾議院，金格利契擔任眾議院院長時，對公共電視展開了猛力的攻擊。金格利契公開痛批公共電視是一小群菁英分子用國家的錢搞滿足自己的小眾價值，與美國社會主流脫節。其他共和黨議員語帶諷刺舉例：麥當勞靠滿足每個人的味覺才賺了那麼多錢，偏執的公共電視只能靠政府預算支撐。金格利契帶頭，許多共和黨議員呼應，要將公共電視系統「民營化」切割賣掉。

這樣的聲浪，一度讓公共電視看來岌岌可危*。然而，一九九六年之後，共和黨對公共電視的總攻擊快速退潮了。理由很簡單，幾位最積極想要拆掉公共電視的議員，紛紛落馬敗選，沒有機會回到議會，執行「民營化」公共電視的計畫！

一位落選議員分析自己選情逆轉的關鍵：「我們對公共電視發動正面攻擊，開始確實取得了許多選民認同，可是一旦這個議題炒熱了，『芝麻街』*的那隻鮮黃色大鳥就跑出來，無辜、可憐兮兮地問：『為什麼他們一定要殺了我呢？』我們就完蛋了。」

公共電視的資源分配與節目的價值偏向，這是多麼複雜的東西，而且必定引來不同立場的不同評價，一般觀眾沒辦法有清楚、堅定的想法。然而，太多人認識

「芝麻街」裡每個可愛的角色，這些角色都有他們的個性，有他們每集每集不斷延續的故事，觀眾們清楚、堅定地拒絕讓這些陪一代代小孩學習長大的角色、故事消失。故事賦予「大鳥」生命，那想像中的生命，對觀眾而言，跟現實的生命一樣可貴，甚至比現實的生命更可貴。怎麼能殺了「大鳥」呢？當然寧可用選票幹掉威脅「大鳥」生命的議員了！

金格利契後來承認：「我們低估了觀眾對公共電視的支持。」其實，他們還是沒搞清楚，觀眾支持的，不見得是偌大的公共電視系統，而是這個系統中靠著節目打造出來的故事，還有這些故事創造出來的參與感。「大鳥」可憐兮兮地說：「為什麼他們一定要殺了我呢？」，引誘觀眾進入故事裡，「大鳥」有難需要救助，於是觀眾就義憤填膺稱職地扮演起解救「大鳥」的角色了！

〈知識放大鏡〉

＊ 美國公共電視補助經費過關

由美國教育部編列預算，補助美國公共廣播局CPS以及公共電視網PBS，支持製播芝麻街（Sesame Street）等兒童節目，提供學齡前兒童學習資源，全美公共電視體系地方台，也為社區父母與教師提供各種工作坊，協助近八百萬名兒童順利就學。1996年的經費卻差點全數被眾議院全數刪除，經全美各地公共電視台與公共廣播電台，發動大規模公民聲援，終於在參議院審查時翻案成功。

＊ 芝麻街 (Sesame Street)

美國一套著名的幼兒教育電視節目，內容結合了教育和娛樂。節目是由Children's Television Workshop（CTW）製作，後來在1999年分支出來的Sesame Workshop繼續製作。芝麻街最為人熟悉的部分，正是節目中採用大量布偶（Muppet）作為主要主角。

芝麻街目前已邁入四十個年頭，播出超過4000多集，是美國電視歷史上最長久的兒童電視節目。節目成功在120個不同的國家播放，並曾經推出20多個國際版本。而且曾經獲得109個艾美獎。此外，芝麻街除了在電視播放，亦曾推出電影、錄影帶、書籍、玩具等副產品。芝麻街是公認的世界上最家喻戶曉的幼兒教育節目。

9.

任何東西被擺進故事裡，就吸引我們不同的眼光，讓我們看到不同的事物重要性。

很久很久以前，在子敏的《小太陽》裡讀到一小段文章，再也忘不了。

文章講的是去參觀旅遊時的經驗，到了一間大工廠，廠裡有人負責導覽介紹，這是什麼那是什麼，大家看到那些平常看不到的大機器，還有機器運轉動作，都看呆了。忍不住東問西問，「這是什麼？」「這是檢查器。」「真了不起！那又是什麼？」「喔，那，那就是掃把啊！」「真了不起！」

以前讀到這段，忍不住笑了。笑那些參觀的人，像劉姥姥逛大觀園一樣，什麼都好奇，什麼都不懂，看得目眩神移，結果不只沒認出靠在牆上的掃把，而且就連人家直說：「那就是掃把啊！」都沒有從那種恍神狀態中回過來，還是忙不迭地說：「真了不起！」

瑪格麗特・布朗（Margaret W. Brown）*寫過一本書，叫做《重要書》*（The Important Book）。布朗寫詩，也寫童書，大部分的童書，當然都是講故事的。《重要書》形式上也很像童書，可是裡面沒有一般意義的故事。會叫做《重要書》，因為布朗在書中寫生活周遭許多平常東西，而不管寫什麼，第一句都是「……重要的是……」

例如：「湯匙／重要的是／用它吃東西／他像是一支小圓鍬／握在你手上／你可以把它含在嘴裡／它不平／它有點凹下去／而且它可以把東西舀起來／但是／湯匙重要的是／你可以用它來吃東西。」

那蘋果呢？「蘋果／重要的是／它是圓的／它是紅色的／你咬一口下去／裡面是白色的／蘋果汁會噴的你一臉／它嚐起來／有蘋果的滋味／它會從蘋果樹上掉下來／但是／蘋果重要的是／它是圓的。」

還有風，「風／重要的是／它會吹」；還有雨，「雨／重要的是／它是濕的／它從天上掉下來／它的聲音就像是／雨聲／雨會使東西發亮／它嚐起來／不像任何東西／它是天氣的顏色／但是／雨重要的是／它是濕的。」

更有趣的是天，「天／重要的是／它永遠在那邊／真的」，是啊，我們打開門走出去，天就在那裡，永遠在那裡，如果不在那裡，就大大麻煩了。

《重要書》寫作的邏輯，和子敏描寫的參觀旅遊心情，基本一致。日常平常的東西，被放到不同的境況脈絡，因而引發出我們一般不會產生的驚異、神奇感受。這種感受，其實非但不可笑，還能在生活中創造出許多美好新鮮經驗來。掃把還是掃把，沒有改變，改變的是人看待掃把的角度與態度，於是那樣眼睛看出去，就不會看到單純無聊的掃把，會看到神奇、「了不起」的掃把。

參觀旅遊會把我們放進那樣的角度、態度裡，故事也會。**我們喜歡聽故事，我們需要故事，因為任何東西被擺進故事裡，就吸引我們不同的眼光，讓我們看到不同的事物重要性，忍不住脫口說：「真了不起！」**

〈知識放大鏡〉

＊ 瑪格麗特・布朗
(Margaret W. Brown, 1910-1952)

瑪格麗特的生命只有短短的四十二年，然而，她用不到二十年的時間，創作了一百多本童書，像《月亮，晚安》、《逃家小兔》和《小島》等都是不朽的佳作，是美國「黃金年代」（Golden Age）的代表人物。她雖然學的是兒童教育，但她卻覺得自己不適合執教，轉而從事出版工作，並親自為孩子寫書。她非常善於捕捉文字和圖像的新鮮感，並開放作品的想像空間，讓讀者參與也成為創作者，開啟兒童文學繪本新視野。

＊ 《重要書》 (The Important Book)

這本書是瑪格麗特・布朗1949年的實驗文學，也是美國小學老師用來訓練孩子寫作的啟蒙繪本，作品由10首小詩所組成，分別描繪了湯匙、雛菊、雨、雪、草、蘋果、風、天、鞋子以及「你」10件事物的現象。所有短詩皆有固定的形式，讓讀者可以輕易模仿創作，讓大家了解到並非只有虛構的公主王子童話故事，才是兒童所愛的，孩子們更愛與自己生活息息相關的故事。

10.

故事找出一條讓我們更容易與音樂共處的途徑。

一八三八年冬季，蕭邦和喬治桑及喬治桑的兩個小孩，一起到馬約卡島上度假。剛開始天氣宜人，生活愜意。然而從十二月六日開始，島上下起雨來。接著蕭邦病了，接著他們住的房子的屋主，以蕭邦的病會汙染房子的理由，堅持他們必須離開，還要喬治桑支付房間消毒、粉刷牆壁及燒毀床單和床的費用。

蕭邦和喬治桑一家只好搬到附近的修道院。大雨繼續下，蕭邦的病絲毫沒有好轉的跡象。喬治桑穿男裝、公開抽菸的習慣，讓附近的村民更不敢靠近他們。然而，個性強悍的喬治桑就是固執一定要照原定計畫在馬約卡過冬。她常常帶兩個小孩出去探訪島上的歷史古蹟，留虛弱的蕭邦一個人在修道院裡寫似乎怎麼都寫不完的作品，一部早就該交給出版社的新鋼琴曲集。

有一回，喬治桑帶著兒子出門去採購，大雨將道路都淹漫了，他們花了許多時間躲雨、繞路，遲遲回不到修道院。整整跋涉了六個小時，才終於到了。

蕭邦臉色蒼白地坐在鋼琴前面，看見他們進來，突然大叫，驚慌失措地站起來，用詭異的聲調說：「我知道，我都知道了，你們死了！」

在等待喬治桑回來的漫長時間中，蕭邦彷彿看到喬治桑和兒子已經死了。那死亡的情景歷歷如實。害怕中，他只好去坐到鋼琴前，彈鋼琴讓自己鎮定下來。手指下彈出來的反覆琴音，給了他一點安慰，他想，他試圖說服自己，他自己其實也已經死了。然後，他就看到自己淹死在一大片像湖一般廣闊的水中，重、冰冷的水滴一直一直落在他的胸口。

看到喬治桑身影出現，那霎時間，蕭邦相信那是死後看見了喬治桑和兒子的鬼魂。

看見自己死亡時，蕭邦在鋼琴上彈出的，應該就是「降D大調前奏曲」。這首曲子被暱稱為「雨滴前奏曲」。

單純只聽這首「降D大調前奏曲」，會聽到不斷反覆的節奏，中間夾著幽微幽暗的旋律。知道了這首曲子有「雨滴」的稱號，我們進一步會聽到音樂與雨滴間的模擬、諧仿關係，進而聽出了音樂中的雨天聯想，陰鬱的天空，濕冷的空氣。

如果不只知道「雨滴」，還知道了那年冬天蕭邦在馬約卡島上看見了、感受到了自己死在湖上，還有他等待似乎再也不會回來的喬治桑的心情，那麼，這首前奏曲表達、傳遞的意味，就又大大不同了。

沒有故事和有故事的音樂，就算音樂本身沒有改變，故事都可以立即改變我們聽到的音樂。故事幫助我們在音樂中填入經驗、感覺，更重要的，故事找出一條讓我們更容易與音樂共處的途徑，我們在音樂中聽出故事，又藉由故事聽到音樂裡更多的細膩內容，進一步回頭想像、理解了故事中蕭邦的痛苦、沮喪、自欺與驚訝。故事與音樂，反覆辯證彼此加強，在我們心中不斷迴盪。

第二章

故事的功能

1.

精采的故事讓人可以快速掌握關鍵重點。

一個在山中長大的小孩，第一次到海邊遠足，回來後被老師要求寫有關大海的作文。小孩寫了：「我為自己生活在山裡感到慶幸，如果住在海邊，波浪老是在滾動，海濤老是在迴響，那不就沒有辦法安靜生活了嗎？」

老師把小孩叫去，不客氣地教訓：「你寫這樣的內容，對住在海邊的人很失禮吧！」老師還告訴他：「我剛來到你們山中村子生活，覺得山村裡的人吵吵鬧鬧，一點都不安靜！」

被老師如此訓斥，小孩第二天早上，摘下樹上成熟的柿子，一邊吃一邊看著河對面的山峰，意外發現樹林裡的樹都在搖擺。就連眼前的柿子樹，仔細看，上面布滿了細細的露水珠，自己的影像映在一顆顆水珠裡。小孩突然發現了以前想當然耳認為就是靜止的山，其實有很多動作與變化。

於是他開始認真觀察周遭。後來用柿子樹上露珠的意象，寫了生平第一首詩。

「雨滴上／映照著外面的景色／雨滴中／另有一個世界。」

這個小孩，是日本作家大江健三郎。

這個小孩長大後，離開四國山村到東京去。考東大沒考上，補習了一年再去考，那是一九五四年，剛好東京大學有史以來首度開放讓台灣學生可以報名應考。考試過程中，大江健三郎的答案卷不小心從桌上掉下去，一下子被旁邊的考生踩了一個大腳印弄髒了。他緊張地舉手，結巴地跟監考老師再要一張答案紙，大概太緊張太結巴了吧，監考老師好心放慢說話速度，一個字一個字說：「你—是—台—灣—來—的—嗎？」大江健三郎緊張害羞到不敢否認。

考進東京大學，在校園中，他又遇見那位監考老師。老師還記得他。每次都放慢速度說：「早—安—，生—活—上—沒—有—問—題—吧？」尷尬的大江健三郎，還是沒辦法跟老師說他不是台灣來的學生。

回憶這段往事，大江健三郎說：「就在這樣的狀態中，我體驗到流亡者的感覺。為了使這樣彷彿流亡者的自己獲得勇氣，我決心憑藉想像力，破壞並改變現實中既有的東西，那就是我未來生活所要走的方向。」

大江健三郎變成了一位觀察敏銳，而且不斷挑戰既有體制的優秀作家。這些特質，應該早就存在於他生命裡，然而，透過這兩個帶戲劇性、容易轉述的故事，大江健三郎可以把自己的特點講得更鮮明，讓人印象更深刻、更確實。

我們生命的變化，其實大部分都是點點滴滴累積形成的，慢慢變成一個喜愛文學的人，慢慢變成一個反對體制的人。然而，慢慢累積的變化很難描述，更難記憶。描述與記憶時，我們常常需要故事的協助。找到一個戲劇性的焦點，把變化整理濃縮重述成一個故事。一個精采的故事供人轉述，一個精采的故事讓人可以快速掌握其中的關鍵重點，一個精采的故事幫自己整理一個小說家或一個抗議青年出現的起點。

我們透過故事整理自己，也透過故事讓別人快速認識我們的突出個性。

2.

要有特色才能被記得，
而故事正是找出特色、突顯特色最有效的工具。

彼得・杜拉克的回憶錄《旁觀者》序文中有這麼一段話：

「在我印象中，有一個人初相見時似乎呆板無聊。這人是新英格蘭小鎮的銀行家，滿嘴廢話，讓人呵欠連連。突然間話鋒一轉，談到了釦子的演變史，細說這個小東西的發明、形狀、材質、功能和用途等，真教我大開眼界。在談論這主題時，他那熾熱的情感直逼偉大的抒情詩人。不過，我覺得有意思的，倒不是話題本身，而是他這個人。在一剎那間，他已變成一個相當獨特的人。」

至少是一個能被杜拉克牢牢記得的人。

一九四三年，杜拉克獲邀到美國通用公司裡作研究。公司高層承諾，會給他所有主管背景資料，以供他進行訪問時參考。杜拉克查看手上資料，發現少了當時最高財務首長布萊德利的，他跟公關部門要，負責人就用各種方式推託，杜拉克直覺認定布萊德利應該有「不可告人的過去」。他只好直接向通用副總裁反映，副總裁自己將布萊德利的資料交給杜拉克，然後笑著說：「你看看，你覺得公關部門不想讓外界知道的祕密，究竟是什麼？」

杜拉克將資料翻來翻去看了幾遍，只好承認被打敗了。看不出任何需要隱瞞的祕密啊？副總裁說：「看看他的學歷。」學歷？布萊德利是密西根的經濟學博士啊！副總裁解釋：「你看，他不只上過大學，還得了博士，更糟的，沒進通用前，他還在密西根大學教過書呢！」

原來，通用的管理階層，幾乎都是從基層出頭的。主持凱迪拉克廠的，出身德國賓士車隊的黑手技工；主持雪佛蘭廠的，小學沒讀完就去當夥計。在這樣一群人中間，「博士」是不折不扣的怪胎，博士學位也就成了布萊德利最不希望人家知道的過往資歷了！

這個小心隱藏博士學位的故事，讓杜拉克對布萊德利印象深刻，更重要的，讓杜拉克對通用公司的企業文化有了再清楚不過的掌握。通用的總裁史隆開辦專門給員工進修的工學院，可是卻無論如何不肯對外宣傳，他的回憶錄《我在通用的日子》書中竟然對這所學校隻字未提。因為他寧可強調通用的員工都是從基層幹起的，不希望別人覺得要靠文憑才能在企業界闖天下。

要有特色才能被記得，而故事正是找出特色、突顯特色最有效的工具。沒有特色就無法構成故事，想說故事就得先找出特色來。沒有對鈕釦的狂熱興趣，那個人就只是無聊的金融商人，誰也不會記得他。同樣的，布萊德利隱藏博士學歷這樣反常的作法，讓通用的人事環境，從平板的原則，變成立體的故事，也就使得聽過的人，不容易遺忘，而且可以輕易藉由這個故事轉手傳述，不只有更多人會聽到會記得，講故事的人，也每講一次就在心中加強一次印象，直到再也無法遺忘。

3.

好的故事幾乎都擁有某種異質生命的對照效果。

日本江戶時代成立的關鍵戰役，大阪「冬之役」中，德川家康的小兒子德川賴宣剛滿十四歲，可以參加戰鬥。他夢想自己能夠擔任攻城的先鋒部隊，可是卻被安排在後衛。

大阪城陷落時，德川軍中大家興高采烈大肆慶祝，惟獨賴宣嚎啕大哭。伴隨在賴宣身邊的老臣安慰他：「別難過，一定是為了你的長遠未來打算，主公才會這樣安排的。將來還怕沒有許多機會讓你發揮嗎？」

十四歲的德川賴宣轉悲為怒，對著老臣吼叫：「說什麼蠢話！難道我的十四歲還可以重來嗎？」

這個簡單的故事，鮮活地標示了兩種不同的生命時間態度。老臣，以及大部分的人，看重的是生命整體成就的總和。生命是一段段經驗加起來的結果，所以時間代表的是挑戰與機會，我們經常要為了未來暫時壓抑現在，因為未來提供了更多的機會、更多的挑戰。老臣理所當然地相信，十四歲少年留在比較不冒險的位置，保住性命，將來還可以立功，不急於一時。

但對德川賴宣而言，時間不是這樣的。他看重的是十四歲當下的絕對時刻，過了這個時刻，他就不再是第一次上戰場的少年了。他不只想當英雄武士，他要當第一次上戰場就驍勇善戰的少年英雄，他要體驗作為一個少年就能爭先攻城的特殊驕傲感受，即使因此喪失生命都在所不惜。他所追求的，只有一次機會，沒有下一次。

另外有一個顯然是杜撰的，寓言式的故事，將賴宣的爸爸德川家康跟兩位主要對手，織田信長和豐臣秀吉拉在一起。故事讓他們三人齊聚醍醐寺飲酒，主人豐臣秀吉特別介紹平常棲息在樹上的夜鶯，啼聲極其美妙，請客人聆聽欣賞。

夜色籠罩，然而預告的夜鶯卻遲遲未啼。織田信長皺著眉頭先說了：「如果夜鶯該啼而未啼，我會殺了牠。」主人豐田秀吉笑了，說：「如果夜鶯該啼而未啼，我會逗牠啼。」德川家康在座位上伸伸懶腰，半天後才說：「如果夜鶯該啼而未啼，我會繼續等牠啼。」

故事不是真的，然而故事裡顯現三人的個性差異，卻再精確不過。不只是對於夜鶯，對於人生中追求的目標，對於自己心中的期待，三個人有截然不同的態度。一個強悍暴烈，一個柔軟善誘，一個擁有驚人的耐心與耐力。

故事經常提示我們人間的多元多樣性。事實上，好的故事幾乎都擁有某種異質生命的對照效果。故事不擅顯示普遍。大家都一樣，或希望大家都一樣的，用標語用命令或用條文表示比較有效。相反地，想要展現特色與區別，才用到故事。

一個人有一套道理這樣想這樣做，另一個人卻有另一套道理那樣想那樣做，而竟然這樣也對、那樣也對，不同行為與風格彼此撞擊出火花來——這就是好看好聽的故事浮現的一則公式。

4.

傳奇故事也因而可以幫助我們快速分辨出誰跟我們同類，誰不是。

二〇〇四年代表民主黨參加美國總統大選的凱瑞，年輕時組過一個叫「Electras」的樂團，彈低音吉他。他最喜愛的唱片，是「披頭四」的《艾比路》。跟凱瑞競爭民主黨提名權的狄恩能演奏手風琴，也會彈吉他，他最喜歡的樂手是「披頭四」的喬治哈里遜。另一位參加初選的克拉克將軍，他聽過的唱片中，最喜愛的第一名是「披頭四」的《黃色潛水艇》。

美國前總統柯林頓會吹薩克斯風，他曾經在競選時上了MTV台接受訪問，同時現場吹了一曲，他那次吹的是──「披頭四」的曲子。跟柯林頓搭檔競選的高爾，則接受了《滾石》雜誌訪問，也講到了「披頭四」，他說：「那不只是一種新的聲音。披頭四還給我們其他新的東西，新的感官，他們提供了不可思議的新時代精神。」

和這些人年齡相仿的前英國首相布萊爾，年輕時也組過樂團，樂團名稱叫做「醜陋的謠言」（Ugly Rumours），布萊爾還是樂團的吉他手兼主唱。二〇〇四年，布萊爾到中國大陸訪問，安排了跟大學生座談，有學生提起他的樂團往事，要求他即席演唱。布萊爾尷尬地紅了臉，轉頭看陪他一起出席的太太雪莉，雪莉毫不猶豫接過麥克風，用稍帶低啞的聲音，唱了「披頭四」的名曲《當我六十四歲》。

這些人，都是聽「披頭四」長大的。「披頭四」是他們那一代共同的傳奇故事，他們活在「披頭四」的傳奇故事中，並且藉「披頭四」的故事辨識彼此之間的關係。這是故事，尤其是傳奇故事另一個重要的功能——把個別的生命記憶串起來。

「披頭四」當然也是歷史，被寫進歷史，成為歷史的一部分。但他們不只是歷史，環繞著他們有種種口耳相傳的故事。大部分的人都只能旁觀歷史事件，無從親身參與歷史事件，可是多少人卻能夠藉由聽聞並轉述「披頭四」的故事，而具體感覺到自己成為那個時代的一分子。聽著「披頭四」的歌，想像他們歌中的叛逆反抗及漂泊博愛精神，進入自己的身體，構成了自己生命價值的核心。那不是一般歷史所能傳遞的感覺，而是要靠傳奇故事才有辦法做到的。

傳奇故事也因而可以幫助我們快速分辨出誰跟我們同類，誰不是。美國總統布希一九六四年到一九六八年念大學，然而受訪時提到「披頭四」，卻只能支吾其詞地敷衍地說：「我喜歡他們前幾張唱片，可是後來他們變得有點怪，我就不喜歡了。」從頭到尾沒提到一首歌一張唱片的名字。

一個沒有受過「披頭四」故事影響洗禮的六〇年代美國大學生，還真不容易！他內在一定有強大的力量，抗拒「披頭四」所代表的年輕激情，以及渴望看到世界一家的夢想。布希會成為美國近代最保守的總統，會理所當然主張美國霸權，草率發動第二次伊拉克戰爭，唉，也就一點都不讓人意外了。

5.

蓋長城的故事，團結了同胞們，讓大家參與在這個大而無當的故事裡，而有了共同體的感受。

卡夫卡*生前發表的小說中，有一篇「一道聖旨」，開頭是：「有這麼一個傳說：皇帝在彌留之際，向你這個單獨的可憐的臣僕，在皇天的陽光下逃避到最遠的陰影下的卑微之輩，下了一道聖旨。」小說中並沒有明說寓言故事發生的背景。然而，在他死後，人們找到他留下的八本筆記簿，其中第六本裡有一篇未發表的小說，叫「中國長城建造時」，「一道聖旨」只是其中的一小段。

「中國長城建造時」用誇張的筆法，寫長城的龐大工程。破土五十年前，中國就開始訓練人民築牆，小孩子剛會走路，就在老師家的小園子裡學習用鵝卵石造牆，老師一用力，牆倒了，小孩被痛斥一頓，哭著跑回父母身邊去。

訓練了夠多的民工，開始築長城了。方法是：二十來個民工成一隊，每一隊負責修五百米，鄰近一隊也造五百米，將兩段接在一起。可是兩段接好了，卻不是接著這一千米的城牆繼續施工，而是把這兩隊人派到別的地段再用同樣方法築牆。於是，到處都是一段段長一千米的城牆，可是段與段間卻留著許多缺口，後來慢慢才補上，甚至有些可能一直到整個工程宣告竣工，都還沒有補上。

為什麼要這樣蓋長城呢？一段一段蓋，到後來官員也都搞不清楚哪裡還有缺口，一共有多少。事實上，反而是騎著馬快速運動的北方民族，會比中國人更明瞭長城的眾多缺口，那樣，長城豈不就失去防禦北方游牧民族的功能了嗎？

小說裡解釋：分段建築是必須的。你不能讓一隊人離家幾百里，在荒無人煙的地方，日復一日砌石頭。五百米是他們能夠忍受的極限。蓋到後來，他們已經對自己、對長城、對整個世界都開始失去了信心。因此，蓋完五百米，趁著他們得到了階段性的成就感，得趕快讓他們離開那個鬼地方，派他們去很遠很遠的另一個不同區域，路途上他們可以看到別人蓋成的一段段長城，看到信徒在聖壇上祈禱長城竣工，於是得到了足夠的力量，繼續下一段工程努力。

「那些質樸、安分的老鄉對長城有朝一日完成確信不移……他們第一次看到了他們國家是多麼遼闊，多麼富庶，多麼美麗，多麼可愛。」

卡夫卡寫的，當然不是真實的中國長城建造歷史。他寫的，是關於建造長城的寓言故事，而且是一個關於故事的寓言故事。這樣蓋出來的長城，其實已經不是用來防禦北方民族的工事了，或者該說，防禦功能的意義退居其次，畢竟留了這麼多缺口供人家突破來往。首要意義，變成了蓋長城這件事本身，變成了蓋長城的故事。

蓋長城提供了想像中的中國人民，一個共同的夢想，讓大家有機會長途跋涉目睹國土內的其他人民確實存在；換句話說，**蓋長城的故事，團結了同胞們，讓大家參與在這個大而無當的故事裡，而有了共同體的感受。**

卡夫卡不懂中國歷史，然而對於運用故事創造共同體、創造國家，他有著驚人的直覺掌握與理解。

〈知識放大鏡〉

＊ **卡夫卡** (Franz Kafka, 1883-1924)

20世紀德國文豪卡夫卡，被喻為現代主義文學的先驅。寫作常採用寓言體，包含很多象徵意義，和許多不同的闡釋，別開生面。1899年起開始寫作，早期作品皆未予以保留，死時更交代友人將作品全數銷毀，但友人未予聽從，三部未完成的長篇小說因而得以傳世。代表作有長篇小說《審判》、《城堡》、《美國》，中篇小說《變形記》等。

6.

故事是我們理解世界的縮寫。

在一般美國人的記憶中，富蘭克林是偉大的革命英雄。他的革命事蹟之一，包括在一七七三年幫忙點燃了革命爆發的怒火。

一七七三年，當時人在英國的富蘭克林悄悄地將一位英國派在麻薩諸塞的官員哈欽遜寫回母國的信件，運送到波士頓。波士頓的報紙披露了這些信件，信中明白顯示：在哈欽遜的眼裡，美國殖民地的人不值得享有和英國人一樣多的自由，應該予以大幅限制。

這樣的信件內容引起軒然大波。本來就對殖民母國不滿的激進人士，用信件內容證明的確存在著「惡毒敵人針對我們而來的陰謀詭計」，獲得了許多同情支持。隨後，「波士頓茶葉黨」誕生，以未經殖民地同意的「茶葉稅」做抗爭焦點，終至讓美國殖民地與英國母國兵戎相見，爆發了獨立戰爭。

富蘭克林是偷寄出了那批引發激烈反應的哈欽遜信件。不過，第一，他並沒打算要公開發表這批信件。第二，他的用意，跟後來的演變剛好相反，是要藉這些信件試圖緩和美國人情緒，希望他的朋友們了解，英國對美洲殖民地沒有惡意，是那些派駐在美洲的官員扭曲事實的報告，誤導了英國政府。冤有頭債有主，殖民地不該怨恨母國，而是該把重點放在要求派任更有能力、更有良心的官員到美洲。

富蘭克林那個時候，根本不是個革命分子。他是個再忠貞不過的大英帝國子民，努力想要創造母國與殖民地的和解、雙贏局面。然而哈欽遜信件被公布後，英國人把富蘭克林找到國會裡，粗魯的國會議員狠狠地修理羞辱了他一番，富蘭克林大感失望，才動搖了原本忠於英國的態度。

革命爆發，殖民地政府要求富蘭克林前往歐洲尋求奧援。富蘭克林到法國去，受到法國舉國上下熱烈歡迎。富蘭克林的科學與發明成就，早已在法國流傳。一時之間，法國上流社會紳士淑女爭相以會見富蘭克林為重要地位象徵，弄得富蘭克林樂陶陶地，當然就更強化了革命對抗英國的信心與決心。

現實歷史中，富蘭克林一生經歷過多次變化。寫他傳記的史學家伍德（Gordon

Wood）就將他一生分為「傳統仕紳」、「英國帝國主義者」、「愛國分子」、「外交官」等階段，最後才「成為美國人」。但一般人不會認識這樣複雜變化的富蘭克林，他們認識的，是故事裡的富蘭克林，擁有始終一致的個性和始終一致的立場。

故事是我們理解世界的縮寫。幫忙簡化複雜乃至矛盾的東西，讓它們變得簡單單純，可以很快掌握。沒有故事，我們就沒辦法吸收那麼多不同成分的訊息，然而，換個角度看，只靠故事，那我們也有可能陷入過度簡化的圖像中，誤失了現實的複雜具體感受。

7.

故事突顯生命共通的細節，藉由單一生命戲劇性的變化對照，將巨大縮小，同時讓巨大能夠被我們看到、聽到。

第一次世界大戰最重要的戰場，是所謂的「西線」（Western Front）。「西線」沿著法國和德國邊界，綿延四百七十五英里，差不多是兩個台灣那麼長。平均每一哩的壕溝戰場雙方一共布置了一萬名士兵。換句話說，有將近五百萬年輕士兵部署在那裡。

雙方都挖了既深且廣的壕溝，長期對峙。唯一的戰法，就是從自己的戰壕裡出來，朝著對方的戰壕進攻，看能不能突破搶占對方的戰壕。「西線」的一端盡頭是瑞士，另一端是荷蘭，這兩個都是中立國，所以也不可能繞過「西線」去進攻對方的側翼或後方。然而，突破對方壕溝，談何容易！

那是機關槍首度大量派上戰場，而裝甲戰車還沒發明的時代。肉體之軀一離開壕溝的掩蔽，就進入機關槍的射程，一挺機關槍每分鐘可以發射六百發子彈，每一發的威力都足以殺死一名衝鋒的士兵。在這種狀況下，要攻占別人的壕溝，比登天還難。

一九一六年夏天，戰事最慘烈時，一個下午英國軍隊就損失了五千名士兵，卻沒有辦法讓戰線往前推進任何一吋。整體算來，三年當中，雙方在「西線」上奪取到的陣地，全部加起來只有五英里，為了這區區五英里的陣地變化，付出了三百萬條人命的代價，而且是三百萬條青壯男性人命。

這是個恐怖的數字，正因為太巨大太荒謬，以致讓人不知該如何理解、如何掌握。一直到雷馬克*寫出了《西線無戰事》，在小說裡描述了一個德國士兵在戰場上和另一個受重傷的英國士兵共處在彈坑裡的經歷，人們才有了具體的故事、具體的形象，看出那戰爭的虛耗與荒蕪。藉著一個具體的故事，三百萬抽象數字才有辦法還原其人間意義。

另外一場戰爭，德國納粹瘋狂地屠殺，六百萬猶太人。六百萬人殞滅在小小狹窄的集中營毒氣室裡，這是更難以想像的情境。如何訴說六百萬人所受到的折磨與痛苦呢？

還是要靠故事，好的、鮮明的故事。像是羅貝多．貝尼尼*的電影《美麗人生》*，一個被關進集中營的爸爸，無論如何不讓小孩感受到集中營的陰暗可怕，騙小孩那是一場特別安排的遠足體驗，使盡渾身解數搞笑讓小孩維持快樂心情。這是個虛構的故事，這故事採取的腔調，更是與集中營南轅北轍的喜鬧，然而，這個故事比其他眾多悲哀痛苦的事實，還要明確地讓人感受到死去六百萬猶太人的具體生命，讓他們不再只是數字。

愈是巨大的事件，愈容易產生脫離現實的「超現實」暈眩，讓人不再能介入領受事件的真實性。這時候，只有故事能幫忙，故事突顯生命共通的細節，藉由單一生命戲劇性的變化對照，將巨大縮小，同時讓巨大能夠被我們看到、聽到，甚至能夠被我們擁抱，於是，面對巨大的事件與巨大的數字，我們才又能哭能笑，不只是張大嘴巴不知所措。

〈知識放大鏡〉

* 雷馬克

(Erich Maria Remarque, 1898-1970)

德國作家雷馬克和美國海明威同為二十世紀30-60年代以描寫戰爭為題材的雙璧。雷馬克把他第一次大戰九死一生的經歷，寫成《西線無戰事》，這本書使他一夜成名。這本描繪前線戰士實況的半自傳體小說，問世之後，引起極大迴響，並曾多次改編成電影。正由於這是一部用血淚控訴的史詩，二次大戰前這本名作不但遭到查禁，雷馬克也受到納粹的緝捕，只好被迫移居瑞士，之後流亡美國。著作另有《凱旋門》、《歸途》、《三個戰友》、《流亡曲》、《生死存亡的年代》等。

* 羅貝多・貝尼尼

(Roberto Benigni, 1952-)

義大利導演，集編、導、演於一身，七〇年代初期演出一些實驗舞台劇與即興喜劇，更以獨幕劇受到歡迎，進而成為脫口秀演員。1976年進入影壇，1986年演出美國導演吉姆賈木許的《不法之徒》，漸漸打開知名度。

* 《美麗人生》

以幽默的角度，講述德國人屠殺猶太人的題材，笑中帶淚，曾創下美國最賣座外語片的紀錄。《美麗人生》獲得多項大獎，包括第71屆奧斯卡最佳男主角、第71屆奧斯卡最佳外語片、歐洲電影獎最佳影片、歐洲電影獎最佳男主角、凱撒電影獎最佳外語片……

8.

進入故事、還原故事，
我們發現原來很少有什麼東西真正是偶然突發的。

如果你是個美食家，或是廚藝高手，剛好家中又有新生的小孩，請記得一件事，當小孩長到兩三歲時，別急著帶他們去不同的餐廳，也不必費盡心思每天幫他們準備不同的菜餚。那樣做，幾乎百分之百只會給自己找麻煩、增添挫折感，大人不高興，小孩也不會高興。

你會發現，兩三歲的小孩，就只愛吃那麼幾種食物。再好的美食擺在眼前，他們的第一個反應，幾乎都是搖頭抗拒。你得花好大力氣勸他們試這個試那個，換來的不是滿意感激，而是勉強痛苦的表情。

碰到這種狀況，別怪小孩，記得記得，那不是你們家小孩特別缺乏品味、特別不知好歹，那樣的反應是深深根植在他們的基因上，在每一個小孩體內基因上。那是人類生存演化留下來的記憶與故事。

兩三歲，是人開始取得初步行動自由的時刻。站起來，跨步走穩了，而且有一點體力可以稍微走遠一點。所以也就在這個時刻，小孩開始探索外界環境，伸出小小的手摸這個摸那個，他不需要大人一直在旁邊抱著扶著，大人也慢慢無法一直緊緊跟著看著他了。

換個角度看，兩三歲的小孩同時取得了大人看管不了的取食自由。以前環境裡的小孩隨時可以走出去，將看見的、手能拿得到的東西放進嘴巴裡。如果他的口味範圍很廣，很多東西都很自然會吃進去嚥下去，那麼吃到有毒物質的機率就會增加，存活下來的機率相對就變低了，他的基因傳流下來的機率也就一起降低了。

兩三歲時口味保守的小孩，存活的機率較高，有明顯的演化優勢，長期以往，今天的人類，大部分都是這樣的人的後代了。環境改變了，今天的兩三歲小孩還在大人親密看管下，並沒有以前那樣充分的取食自由，然而基因遺傳沒那麼容易改變，結果就是兩三歲的小孩，別的都不愛，就愛麥當勞，尤其愛吃在麥當勞吃習慣的番茄醬。給他什麼精緻美食，他都要在上面塗番茄醬才願意吃下去，把信仰美食、精心調製美食的爸媽氣個半死。

別氣別氣，氣壞了也沒用，小孩還是喜歡番茄醬。因為番茄醬擁有完整的味覺元素，酸、甜、鹹、甘加上一點點苦，入口可以刺激味覺系統裡從前到後的每一個部位，所以能最有效將所有不同食物都改造成小孩熟悉的味道，帶給他足夠的安全感將食物吞下肚去。番茄醬是他拿來欺騙味蕾最好的工具。

我們每個人都是故事的載體，不同行為背後都有長遠的發展道理，那漫長的變化故事才塑造了我們今天的現實。用探索故事的眼光，我們才有機會真正了解自己。更擴大看，周遭的每一項東西，即使是像番茄醬那樣不起眼的微物，也都有其漫長的故事，不只是起源，還有跟人互動的細密道理，**進入故事、還原故事，我們發現原來很少有什麼東西真正是偶然突發的。故事，將世界變得不陌生不奇怪。**

9.

故事，是人與不屬於人的巨大、抽象事物間，危危顫顫、飄飄遙遙存在著的橋樑。

花蓮太魯閣是我總也去不膩的所在。特殊歷史背景下開鑿出來的中部橫貫公路，意外地讓立霧溪峽谷對我們現身。原本，肉身渺小如我者，應該是沒有機會那樣近距離地目睹花了幾萬年幾十萬年水流切割開來的山峽的，機緣泊湊，那種難得神奇之感總是隨時包圍著我。

高中時候，曾經花了十多天時間，參加兩梯次的救國團活動，用腳一步一步走完了中橫東段。滿足了過去搭車經過中橫就總是夢想的事——讓立霧溪的水聲盈耳不止，讓昂立的山壁，各色變化的石嶺在眼前慢慢地展開，再慢慢地後退消逝。

公路沿著溪谷，時而左岸時而右岸，時而高升時而低抑盤桓，於是同一條溪谷就呈現了不斷變化的面貌。走路慢行時，還可以不時回頭，換另一個方向回望剛剛走過的路段，驚異發現跟想像如此不同。

多年之後，中橫有了新的改變。幾次颱風完全截斷了中橫西段，這條公路的「橫貫」意義其實不存了，於是也就不再有要從花蓮開往台中的車輛通行，交通意義大減，相對觀賞價值更增。重要的路段，如長春祠、燕子口、九曲洞，都有了讓人慢走慢覽的空間開闢出來，不需參加健行隊，大家都能親近立霧溪谷了。

多年之後，我自己也有了許多新的變化。多走過了很多地方，多看過了世界上知名的壯麗景觀。然而奇怪的，再多壯麗景觀留下的印象，絲毫沒有改變立霧溪谷在我心中的獨特地位，只是讓我每次俯臨仰視，多了一個默自思考的問題：「為何如此？除了年少的記憶情感外，立霧溪谷的景色有什麼獨立於記憶情感，他處壯麗景致所不及的地方嗎？」

一次又一次，答案，至少是答案的輪廓逐漸浮顯。在立霧溪谷，我清楚看到時間，而且是遠超過個人生命，甚至遠超過文明尺度的巨幅時間。溪底剛被溪水切割開來的石壁，是白亮的，在陽光下彷彿會與水流一起喧譁跳躍。往上一點，經過了一定的時間，石壁上染了淡灰色，變得更像我們一般印象中的山石。再往上，薄淡的灰色轉成咖啡色。再往上，也就意味著更多累積了一段時間，細小的綠色植物冒出來了。零星的綠再放大成集中的蕨類型態，然後再鋪散再鋪散，有了崖頂小樹。

變化多端的形體與色彩間，透露著井然的時間。本來對我們而言，應該是抽象遙遠到無從掌握的時間，在石壁上具體刻蝕著。與幾萬年的時間、時間秩序面對面，是立霧溪谷最迷人的地方，也是讓我一次次回到立霧溪谷流連思索的根本感動。

有些故事，像立霧溪壁一樣，對我們彰示原本超過我們感官能力之外的事物，太抽象或太巨大的事物。或者應該換個方向說，**好的故事通常都能在我們眼前照見原本看不見的東西，同時卻又在彰示的瞬間，馬上讓我們理解這太抽象或太巨大的事物，那麼美麗那麼吸引人。一次又一次，我們回到故事，為了感受那本來不該屬於我們，被偷出來具體呈現的超越性事物。故事，是人與不屬於人的巨大、抽象事物間，危危顫顫、飄飄遙遙存在著的橋樑。**

10.

故事，把我們帶離世俗，
也就同時幫我們接近素心童真。

有一天，一群陌生人長途跋涉到達了冰天雪地的北方。他們從南方來，沒人知道他們為什麼要離家遠行。他們的衣服很薄，鞋子也無法保暖，所以一些人就在途中凍死了。

到達冰原後，他們受到冰人家族的熱情款待，被帶到燃著火炬的冰屋享受食物，也開始學習該如何在冰天雪地裡生存。可是，他們忘不了南方的家鄉，他們不斷回憶那個鮮豔溫暖的地方。他們描述翠綠植物鋪滿的景色，動物身上長著漂亮的彩色毛皮。所有的動植物都可以吃。那裡還有森林、高山和湖泊，花朵美麗，泥土散放著溼潤的香味。

冰人們對他們描述的事物覺得很神奇。他們從沒有想像過有那樣的世界存在。慢慢地開始有些冰人受到那樣描述的誘惑，越來越受不了自己所在的寒冷環境。他們主張應該向南方遷徙。這些主張南遷的人，將自己取名為「熱血分子」，叫那些不想遷移的人「冷血動物」。雙方起了越來越嚴重的爭執，最後引發了內戰。

「熱血分子」贏了，他們就把「冷血動物」驅逐到北極去。「冷血動物」走的時候，也就把冬天帶走了。「冷血動物」朝著最寒冷的地方深入，直到再也沒有人找得到他們。

「從此，冰雪時代宣告結束，再也沒有人記得它……沒有人記得這裡曾經被厚厚的冰層覆蓋。然而每一個人內心裡都會出現一個小小的聲音，那能夠喚起關於寒冷、關於雪和在雪地上發出的繽紛螢光。人們的心裡都藏著一塊萬年冰雪。所以他們才察覺得到自己對於潔白和寧靜的渴望。沒人明白這種渴望，但大家都知道它，所以每年冬季來臨，是為了喚醒生命的零星記憶，同時讓人們感覺到幸福。他們是需要冬天的。」

這是德國作家尤麗策*《雪國奇遇》裡寫的一段故事。這本書配上了渥夫岡·諾克美麗的插畫，變成了一本適合給小孩閱讀的繪本，故事也就閃現出童話般的光澤。然而，這個故事，原本是尤麗策寫給男朋友一個人看的。換句話說，這本來應該是一封情書，是一個成年女生寫給成年男生看的。

認真體會書中關於每個人心底對潔白、寧靜渴望那段說明，我們可以理解這裡面跟愛情的關係。有意思的是，這樣一封情書卻是繞路用故事的形式來表達的。因為故事、說故事的形式，可以輕易地將人帶回童年的情境中，進而叫喚出與童年聯繫的純真天真。愛情最美好的狀況，也就是兩個人擺脫了成年的種種算計考量，交換彼此的純真天真。

故事，把我們帶離世俗，也就同時幫我們接近素心童真。素心童真又幫我們排除了計較，讓我們接近愛情。所以，嚮往純真天真愛情的人們，就說故事吧，用對的故事找到對的心靈，一起掉入潔白、寧靜的特殊世界裡。

〈知識放大鏡〉

* **尤麗策** (Juli Zeh, 1974-)

1974年生於德國波昂，是德國文壇最受矚目的作家，她的作品已被譯成近三十種語言，得過眾多文學大獎。作品有《雄鷹與天使》、《寂靜之聲》、《狗兒穿越共和國》、《遊戲本能》、《物理屬於相愛的人》。這部《雪國奇遇》（Das Land der Menschen）是她第一部為年輕讀者寫的繪本，詩意的語言加上渥夫岡・諾克（Wolfgang Nocke）的華麗插畫，廣受大小讀者歡迎。

11.

故事具備強大的穿透力，可以跨越空間的限制。

很久很久以前，中國南方的人都還住在洞中，有一個洞主姓吳，娶了兩個妻子，其中一個妻子死了，留下一個叫葉限的女兒。後來吳姓洞主也死了，葉限的日子就很不好過了。

不是親生的媽媽只疼自己的女兒，虐待葉限，常常叫葉限到危險的山上砍柴，或到很深的溪水邊汲水。有一天，葉限在溪中撈到一條有著紅色的鰭和金色眼睛的小魚，就偷偷用盆子養魚。魚越長越大，葉限又把牠放到洞後的池塘裡。魚平常都藏在池塘深處，只有葉限來時才浮上來。葉限的媽媽發現了魚，可是怎麼樣都抓不到。就想了一個辦法，難得地幫葉限做了件新衣服，將她身上的舊衣換下來，趁葉限不在，媽媽穿上葉限的舊衣，把魚騙出水面，抽出利刃一刀刺下去。那魚很大，肉很厚又美味，媽媽跟自己親生的女兒飽餐一頓，再將剩下的魚骨頭埋在糞土堆中。

葉限找不到魚，傷心地在野外大哭，忽然出現了一個穿粗布衣的人跟她說：「魚被你媽媽殺了，骨頭埋在糞土堆中，你快回去，把魚骨頭藏房子裡，以後需要什麼東西，只要求魚骨頭，他就會滿足妳。」葉限照做了，不管金銀珠寶或衣物食品，想要什麼就有什麼。

洞人們的節日到了，媽媽帶著親生女兒去參加，不讓葉限去。葉限等她們走了，換上綴著翡翠的衣服和金色的鞋子，也去參加洞節，結果被眼尖的妹妹認出來了，葉限趕忙要離開，不小心丟了一隻鞋。有人撿到鞋，賣到鄰近的陀汗國去，國王看那金鞋稀奇，就要找鞋的主人。可是全陀汗國沒有一個女人的腳和那金鞋相合。國王不死心，派人到處找，終於在葉限家中找到另一隻金鞋。葉限重新穿上金鞋和綴有翡翠的衣服，美得有如天仙般，去見陀汗國國王，國王問起，葉限便將媽媽和魚的事，全盤托出，國王於是封葉限為王妃。

咦，這個故事怎麼越看越熟悉呢？像是「灰姑娘」，又不完全一樣。葉限的故事*出自於段成式*的《酉陽雜俎》，段成式還特別加註說：故事是聽他的老僕人李士元講的，李士元自己是出身廣西一帶的「洞人」。

洞人講的故事，怎麼會那麼像「灰姑娘」呢？誰影響了誰，從哪裡傳到哪裡？老實說，我們不知道，大概也永遠不會知道。但我們知道一件事——**在文明隔絕、交通極度不便的時代，故事具備強大的穿透力，可以跨越空間的限制，把人連結在一起**。在李士元、段成式他們完全沒有意識到「外人」、「外國」存在的狀況下，故事已經將他們跟聽「灰姑娘」原型故事的歐洲人聯繫在一起了。文明、國家的壁壘，擋不住故事。

葉限的故事裡，虐待葉限的媽媽和妹妹，被國王下令用飛石打死了。然而，洞人可憐她們，將她們埋在石坑裡，稱那石坑為「懊女塚」，後來竟然成了很靈驗的神廟。這部分，是歐洲「灰姑娘」故事不會有的，然而，那被虐待的孤女，那掉落的一隻鞋，卻跨越了各種界線都明白地留著，標示故事奇特的韌性與統合力量。

〈知識放大鏡〉

* 葉限的故事

葉限是唐代筆記小說《酉陽雜俎》中所載的一個人物，見書中〈續集・卷一・支諾皋上〉。一般認為，這是童話故事《灰姑娘》的其中一個來源。《酉陽雜俎》於西元9世紀成書，所以可以說，葉限的故事比夏爾・佩羅（Charles Perrault）於1697年所寫的《灰姑娘》（Cendrillon ou la petite pantoufle de verre）及格林兄弟於1812年所出版《格林童話》裡的《灰姑娘》（Aschenputtel）早了差不多一千年。

---

* 段成式 (803?-863)

字柯古。唐朝人。其父段文昌在唐憲宗朝曾出任宰相。段成式憑著父親的關係，沒有經過科舉就進入祕書省當校書郎。後來當到江州刺史。據《舊唐書》記載，段成式生性散淡，喜歡讀書多於仕途。遍覽群書，對佛學有研究。

《酉陽雜俎》是段成式流傳下來的著作，其中記錄很多當時的奇聞逸事。

12.

故事宣揚著許多沒有被實現的變化，保留了人們對於變化的好奇與衝動。

喝酒前吃五顆杏仁果可以避免喝醉。青蔥大有助於腸道健康，但吃多了會做惡夢。偶爾吃義式薄醃肉可以減少尿床。吃雄性動物睪丸，要吃年輕的，不要吃老的，不過公雞睪丸例外，不管小雞老雞都可以吃，尤其搭配加了羅馬式醬汁的牛蹄更棒。

這些說法，出自世界上第一本暢銷食譜，書名叫《論正確享受與健康生活》（De Honesta Voluptate et Valetudine）。這本書出版於一四六五年，作者是倫巴底人普拉提那（Platina）。不過，書中真正教人家做出美食的內容，是普拉提納從另一位倫巴底大廚馬提諾（Martino）那裡學來的。

馬提諾美食，最主要的食材是麵，各式各樣的麵，長的短的粗的細的中空的有刻痕的，還有裡面包了不同餡料像餃子般的麵。讀五百多年前的食譜，讓人留下最深刻印象的，其實不是普拉提那的種種古怪健康提議，而是馬提諾煮麵的方法，跟今天通行的義大利美食，如此相似。

好像幾百年來，義大利麵都沒有什麼大變化。或許就是因為義大利麵太傳統太固定了吧，二十世紀三〇年代，熱中提倡「未來主義」的義大利藝術家馬利內提（**Filippo Marinetti**），在想像「未來」時，就特別選擇義大利麵開刀。馬利內提理直氣壯地說：「既然現代文明中，所有的東西都朝向加快速度和去除重量發展，那麼未來的烹調也必然要合乎進化的目的。」達到這種「進化的目的」的第一步，就是「廢除義大利麵」。

那不勒斯市長宣稱義大利細麵加上番茄醬汁，簡直就是天使的食物，馬利內提立刻回應：「如果真是那樣，不過就證明了天堂有多無聊。」馬利內提主張因為義大利麵無須在口中咀嚼（一吸就入肚了！），所以害義大利人唾液分泌不足，才造成了嚴重的肝膽疾病，進而導致義大利人「懶散、悲觀、陷入懷舊而缺乏動能，對凡事凡物沒有強烈意見。」義大利麵還是使得義大利人個個腰圍粗大的元凶。

馬利內提強力推銷，「一個沒有麵的義大利未來」，甚至去寫了一本沒有任何麵食的《未來烹飪》。他的大動作引發羅馬旁邊一個小鎮主婦的恐慌，她們發動連署，請求「允許義大利麵走入未來」。

那麼多年過去，馬利內提想像的「未來」已經變成了「現在」，然而義大利麵還是堂皇地存在，而且是用從馬提諾傳流下來幾百年的不變形式存在著。馬利內提想像的消滅義大利麵的巨變未來，並沒有實現。現實沒有像馬利內提期待地那麼容易改變，然而無妨，今天我們讀那沒有實現的《未來烹飪》，讀到了一個想像的未來故事，還是讓我們覺得如此精采有趣。

傳統力量大，封存了許多改變不了的東西，還好在傳統的對面有故事，故事宣揚著許多沒有被實現的變化，保留了人們對於變化的好奇與衝動。

13.

搭迪士尼的雲霄飛車，不只是搭雲霄飛車，更是走進一個故事，體驗故事。

佛羅里達的迪士尼樂園裡主要的雲霄飛車，最高點「只有」兩百呎（五十公尺，約十五層樓）高。雲霄飛車從十五層樓高的地方俯衝下來，很恐怖吧，怎麼會說「只有」呢？

因為那座雲霄飛車在二〇〇四年設計興建時，別的地方早已經出現更高更刺激的版本了。俄亥俄州一座樂園裡，雲霄飛車的最高點高到什麼程度？四百二十呎（超過一百公尺）！從四百二十呎觸衝下來，短短四秒，飛車就到達每小時兩百公里的速度，那種加速的效率，任何頂級跑車都望塵莫及。整趟雲霄飛車轉了三個倒栽蔥的大彎，玩一圈回來，只需二十五秒鐘！

人家都已經做到四百二十呎，迪士尼卻小家子氣只設計到人家的一半，怎麼會這樣？更奇怪的是，雲霄飛車只有人家的一半高，迪士尼建造時花掉的經費，卻高達一億美金，超過三十億台幣，是人家造價的好幾倍。

迪士尼財大氣粗亂花錢？迪士尼員工藉機上下其手？都不是。三十億台幣裡很大一部分錢，不是花在雲霄飛車的機器設備上，而是在鋪陳關於這趟雲霄飛車旅程的故事。

那架雲霄飛車名稱叫「珠穆朗瑪歷險」。在想像的神祕國度安南答普的邊境上，有一座西藏小村莊，西方企業家在這裡種植高山茶，同時興建了鐵道運送茶葉。為了進一步開發商業利益，他們逐漸將鐵道延伸進了安南答普境內，同時也就進入了世界第一高峰珠穆朗瑪峰的山區範圍。在雲霧繚繞的深山裡，大家以為已經絕種的巨型雪人出現了，他們顯然對於鐵路侵入自己的領域大發雷霆，用他們的神力，將鐵軌拆解了……

遊客們搭上列車，列車慢慢往上爬，像是要爬上喜瑪拉雅山區，進入一個氣氛黯淡恐怖的地域，突然之間，面前出現了怒吼的雪人，列車趕緊急速後退，換上另外一條軌道，暫時似乎離開了危機，說時遲那時快，接著路上的鐵軌突然中斷消失了，在雪人怒吼聲中，列車急速向下降，彷彿要一路掉進山谷裡，中途還連續幾個劇烈的翻滾……

主題——人必須尊重大自然，狂妄地侵犯大自然，終究為自己帶來災難，而那趟恐怖起落的雲霄飛車旅程，正是某種「災難體驗」。搭迪士尼的雲霄飛車，不只是搭雲霄飛車，更是走進一個故事，體驗故事，並可以藉故事來轉述自己在列車上的感受。不會一開口只能說：「好高好快好刺激」，就不知道還能再講什麼了。

猜猜看，二百呎高的「珠穆朗瑪歷險」和四百二十呎的單純「雲霄飛車」，哪一個比較受歡迎？哪一個在市場上比較有競爭力？只要想想：你自己會比較想去經歷二十五秒的純粹重力加速度感受，還是光講故事就可以講好一陣子的「珠穆朗瑪歷險」？不需要數字報表，你就可以得到清楚答案了。

— 第三章 —

說故事的方法

1.

故事會變形轉型，因為改編改寫一個舊故事，比新創一個故事架構，容易快速獲得認同。

「從前從前有……『一個國王！』我的小讀者們會立刻說。不，孩子們，你們錯了。從前從前有一塊木頭。不是什麼昂貴的木頭，就是我們冬天裡會從柴堆裡抽出來放進火爐裡的那種木頭……」

不同的是，這塊木頭有名字。他叫皮諾丘，十九世紀塔斯坎尼地區義大利語的意思是松果或松子。這塊木頭落在一個木匠安東尼手裡，木匠用斧柄敲敲木頭，木頭竟然大叫：「很痛欸！」嚇到了的安東尼把木頭拿去送給他的朋友葛培多，木頭故意學安東尼講話嘲笑葛培多，又偷打安東尼，害這兩個朋友反目打架。

葛培多將木頭刻成木偶，嘴巴刻好了，皮諾丘馬上伸出舌頭來做鬼臉。刻好了手臂，皮諾丘又立刻伸手把葛培多頭上的假髮拉掉。腳刻好了，皮諾丘拔腿就跑。

一隻蟋蟀警告皮諾丘——如果不去上學，每天就只是吃喝玩耍遊蕩，最終不是落入乞丐窩就是被關進監牢裡。皮諾丘撿起一塊木柴丟向蟋蟀，就把蟋蟀打死了。

這是一八八三年，原版小木偶皮諾丘的故事。皮諾丘是個自私粗魯頑皮的小孩，他會說謊，他還會做許多其他壞事。

這樣的皮諾丘，卻不是我們一般人想像中的「小木偶」。我們想像的皮諾丘，不是來自義大利文原著，而是來自二十世紀迪士尼卡通《木偶奇遇記》。我們想到、看到的，是一個天真無邪的小孩，不小心會撒點小謊，然而只要說謊他的鼻子就會變長。還有，他是個可憐的孩子，他有著人的感情與感受，卻只是個木偶，無法得到人的待遇。他被壞貓和壞狐狸引誘去看木偶戲，結果被當木偶抓了起來，還差點被丟入火爐中燒死。

義大利原著中，皮諾丘是自己好奇跑去看木偶戲的。為了買門票，他還不在意地賣掉了窮木匠葛培多辛苦籌錢幫他買的課本，不必說，他當然蹺了課沒去上學。

迪士尼改編的故事，講的是一個無辜的靈魂如何受苦，經歷各種艱難，才擺脫命運，變成一個完整的人。原著故事講的卻是一塊木頭如何得到生命變成如同動物般的存在，也只想發洩放縱自己的動物性慾望衝動，然後慢慢在遭遇中學習像個人般活著，懂得願意為其他木偶犧牲，願意忍受長時間工作的辛勞賺錢養活生病的葛培多，他開始活得像個人，於是仙女才用魔法幫助他變成一個完整的人。

人如何從青少年期的侵略野蠻，轉化為文明紳士，這是十九世紀末歐洲關心的大課題，因而讓皮諾丘的故事大為風行。然而，二十世紀迪士尼卡通電影工業，在意的卻是如何保留兒童的天真，讓天真觸動大家的感情，於是他們取了皮諾丘故事，卻將本來故事裡看來像是叛逆青少年的皮諾丘，大大降低了年齡，變成一個學齡前白紙般的兒童。

故事會變形轉型，因為改編改寫一個舊故事，比新創一個故事架構，容易快速獲得認同。越是流行的舊故事，越常有多種不同意義、甚至相反意義的版本。舊故事不會停留在「一個故事」的框架裡，它們會取得生命，長成一個多元複雜的「故事叢」。木頭會成長為人，好的故事、迷人的故事也會不斷成長，取得豐富活潑的生命。

2.

好的故事、精采的故事，
甚至可以含納自身的否定對反。

讓我們來想想，如果真的有聖誕老公公，如果聖誕老公公真像故事裡說的那樣，在寧靜的聖誕夜駕著他的雪橇，在每個充滿希望的小孩放著的襪子裡裝禮物，那會發生什麼事？或說，那需要發生什麼事？

算算，全世界八歲以下的兒童人口，大約有二十億左右，假設中間有十分之一興沖沖放了長襪等聖誕老公公光臨，那就是兩億個小孩。再假設，八歲以下小孩的家庭，每一家有二點五個小孩，那意味著有八千萬個家庭需要送禮，也就是聖誕老公公的雪橇那一晚上得停八千萬次。再依據地表總面積除以全球總戶數，算出來平均家戶之間的房屋距離是兩百六十公尺，那麼那一晚上，聖誕老公公的雪橇完成任務需要的總里程數就會是兩千零六十萬公里。兩千零六十萬公里要在一夜間走完！

還好，那一夜，不只十二小時。因為各地時差的關係，幫聖誕老公公爭取了很多時間。他可以在十二月二十四日子夜從國際換日線出發向西飛行，這樣一來最多可以有四十八小時來「送貨」。四十八小時一共有十七萬兩千八百秒，除一下，我們又算出來了，聖誕老公公可以花在每戶人家的時間——千分之二秒！回頭再算，四十八小時要飛行兩千零六十萬公里，所以雪橇的速度必須達到一秒一百二十公里左右，也就是——啊，差不多音速的六百倍！

這些計算，都還沒有算進聖誕老公公從煙囪鑽進鑽出，在黑暗陌生的客廳裡，找到聖誕樹，找到樹下的長襪，所需要的時間。也沒有算進聖誕老公公從袋中拿出禮物塞進長襪的時間。喔，如果要這樣算，那假設每一樣禮物一百公克重好了，聖誕老公公又沒有時間回家「補貨」，所以他出發時，雪橇的載重應該要有兩千萬公斤，兩萬噸重！

算來算去，很簡單，不可能有聖誕老公公這回事，在科學上站不住腳。不過，第一，科學上不可能，無害於許多小孩繼續相信聖誕老公公，也無害於大人們繼續在十二月底拿出各種聖誕老公公的相關產品。畢竟，不用什麼科學說明，每一個街上出現的聖誕老公公都明白自己是假的，但也還是沒有停止扮演啊？第二，其實不必算得這麼仔細，我們都曉得現實裡聖誕老公公並不存在。算了一長串，並不是真正為了「推翻聖誕老公公」，而是在計算中得到了特別的樂趣。

換句話說，**計算「聖誕老公公物理學」，也是聖誕老公公故事的一種奇妙的衍生。故事生出故事裡的細節故事，故事生出其他相關故事，這不稀奇，稀奇的是，往往故事的否定也還是故事。或者說，好的故事、精采的故事，甚至可以含納自身的否定對反。**「聖誕老公公物理學」非但沒有取消聖誕老公公的故事，還讓這個故事變得更豐富、更有趣呢！

3.

古怪、奇特、不常見、違背道理，這些就是故事的基本精神。

故事與哲學背道而馳。

哲學看待世界的眼光，有一套根本的價值，分辨什麼是重要的，什麼是瑣碎的。柏拉圖的「理型論」是最好的代表。哲學要去尋找藏在所有繁雜現象背後，一個純粹的「理型世界」。現實中有千萬匹馬，每一匹都有其與其他馬略微不同的地方，然而當我們說「馬」，當我們討論「馬」，我們無法指涉所有不同的、個別的馬，我們只能討論眾馬之同的基本性質，換句話說，討論去除了個別差異後的普遍的「馬」，一個想像中的絕對的、理想的「馬」。

「馬」有其普遍理型，「人」也有，萬物都有。這些普遍理型構成的關係，就是「理型世界」，就是哲學所要探索的對象。在「理型世界」對照映顯下，真實、個別的東西，都不過是純粹理型不完美的複製。因而，哲學必然看輕、必然忽略個別特殊的成分。

故事卻是所有這些個別特殊成分的誇張突顯。故事起源於與哲學相反的假設——「如果有一匹馬，剛好不會跑呢？」「如果有一條魚，剛好不想活在水裡呢？」「如果有一個人，剛好偏偏不會死呢？」

故事挑戰定義，故事蒐集真實或想像的「例外」，整體來看，故事就是人類經驗中「例外」的集大成。故事成立最根本的理由，其實無他，就是「例外」，古怪、奇特、不常見、違背道理，這些就是故事的基本精神。

小孩喜歡聽故事，因為他們還沒有完全接受現實世界的規律原則，他們也還不懂得如何推論世界運轉的邏輯。他們喜歡有一個人，穿著平常絕對沒有人穿的紅衣紅鞋，用平常不會遇到的慷慨態度，遊走世界各地，只為了送禮物。這個叫聖誕老人的人，他的交通工具竟然還是從來沒看過的馴鹿拉的雪橇，而且他會從人家屋頂的煙囪爬進客廳，找到放在聖誕樹下的長襪，把禮物小心地擺進去。太棒了！沒有任何一項，是日常中可以預期看得到的。

到了一個年紀，小孩總是會知道，原來那些禮物都是爸爸媽媽買的送的。聖誕老公公故事魔力突然消失了，禮物還是禮物，但同樣的禮物卻不再如原本那麼希奇了。爸爸媽媽理所當然就是會買東西給東西，那些東西從鍍金輝煌的聖誕老公公的禮物，一下子變回了就只是生活中經常會有的「東西」。

理所當然，是哲學拚命想要揭露給我們的。但理所當然，卻也是我們生活中最大的負擔，不時想要逃避的對象。一切都那麼理所當然，就沒有什麼可以期待，也就沒有什麼值得興奮驚訝的了。

故事講述著各式各樣的「例外」，幫我們保留了期待的空間，讓我們在一個道理越來越嚴密的時代中，還能相信普遍原理原則之外，有值得我們張大眼睛等待、觀察的禮物可能掉到頭上來。

4.

用對的方式誇張推論，讓「吹牛」、「瞎扯」比現實真實更吸引人。

再多的資訊，再複雜的資料，包括像一整本百科全書那麼多的內容，都可以記錄在一根一公尺的棒子上。聽過這樣的說法嗎？

道理是這樣的，給每一個字母，連同標點符號和空格、分段一個代表數字，然後將數字串起來。例如說01代表a，02代表b，15代表o，11代表k，27代表空格，那麼英文「a book」就可以寫成0127021515111，然後在前面加上0.，找到棒子上剛好等於0.0127151511公尺的地方標一條線，於是量棒子量出標線位置長度數字，就能夠轉譯回「a book」了。

我們可以把整本百科全書都用這種方法換成數字，當然是很長很長很長很長的一串數字，不過不怕，反正小數點後面可以容納無限多位數，然後一樣找出棒子上跟那個數字相應的長度，標上去，那一條標線不就等於記錄了整本百科全書嗎？

很漂亮的方法吧！唯一的問題：在現實上做不到。我們沒有辦法在棒子上量到那麼小單位的長度，小數點後面幾百億位數，已經遠小過最小粒子的規模，絕對無從設計製造那樣的量尺，也絕對無法準確找到相應的那個長度，更不可能有別人準確量出那小數點後面幾百億位數的長度，來還原數字紀錄的資料。

現實上不可能，卻無害於這種推論想像的樂趣。**人有推論的習慣，更有從推論中得到樂趣的本能。和推論相比，現實經驗太狹窄了，推論一不小心就超越現實範圍。很多故事提供的，其實都是推論的樂趣，這也就說明了為什麼那麼多好聽雋永的故事，都帶有濃厚的超現實成分。**

在很冷很冷的聖彼得堡搭馬車，馬車夫吹起角笛，沒有發出任何聲音。車到了旅館，車夫將角笛掛在壁爐邊的牆上，角笛卻響了。喔，原來是剛剛的聲音凍僵了，遇熱才融化發出來。

同樣是冬天，到了下大雪的波蘭，把馬栓在雪地裡的木樁上就睡著了，第二天醒來發現自己在教堂前的廣場上，可是馬呢？馬怎麼不見了，被偷走了嗎？抬頭一看，馬趴在教堂的屋頂上，原來栓馬的木樁是被大雪埋起來的教堂屋頂十字架！

去打獵，看見一隻美麗的鹿在前面，開槍才發現子彈用完了。不甘心眼睜睜看鹿跑掉，隨手拿了櫻桃的籽裝進槍膛裡，砰，射中了鹿的額頭，可是鹿還是大搖大擺地跑開了。兩年之後再去同一座森林裡打獵，碰到了一頭特別的鹿，花色美麗，而且額頭上多長了一根角，仔細一看，那不是第三隻角，是一棵小櫻桃樹。

這些是《孟喬森男爵（Baron Munchausen）冒險》裡面幾個有趣的故事。那本書全名叫《孟喬森男爵在酒會中談到的水陸驚險旅行和出征冒險》，如果有人真的在酒會中碰到孟喬森男爵，一定會笑著罵他「吹牛」、「瞎扯」，可是卻又一定走不開腳步，一直停在他身邊想聽更多的「吹牛」、「瞎扯」。

用對的方式誇張推論，讓「吹牛」、「瞎扯」比現實真實更吸引人。

5.

我們能透過故事讀到背後的社會與時代，並體會故事與社會間有趣多樣的關聯。

金聖嘆寫過長文，對如何讀《三國演義》提出了種種建議。文章開頭第一項建議，是讀《三國》要弄清楚正統所在，強調蜀漢的地位，這是老生常談了，暫且不表。

接下來金聖嘆提醒，讀《三國》要意識到「古今人才之盛，無過三國者」。金聖嘆認為三國人才有「三絕」，一絕是諸葛孔明，一絕是關雲長，還有一絕是曹操。這三個人在歷史上都找不到匹配者。講完「三絕」，金聖嘆接著羅列了一連串雖然沒有「三絕」那麼厲害，卻也一定夠格在其他時代引領風騷的三國人物，文章洋洋灑灑一發不可收拾，算算，竟然點了超過一百個名字。

不過，金聖嘆沒有細分，如此「人才之盛」，究竟是三國這個時代的特色，還是《三國演義》鋪陳出來的小說故事效果。到底是羅冠中總結的說書人傳統說得精采，把三國眾多人物都講得那麼鮮活？還是三國時代真的活著這些豐富精采人物呢？是他們本身厲害，還是故事說得厲害，這畢竟不是同一回事啊！

可以確定的，《三國演義》裡的人物刻劃極度成功，讓金聖嘆可以振振有詞主張別的時代再也找不出同樣等級的熱鬧人才現象了，另外也可以確定，《三國演義》的人物故事，絕對有添油加醋的地方，提高了人物個性與作為的戲劇性。以孔明為例，「草船借箭」、「空城計」應該都是說書人創造附會的，不是史實。

所以歷史上真正的三國人物，一定不會有《三國演義》上寫的那麼神奇光采，所以金聖嘆「古今人才之盛，無過三國者」，只能是故事上的評價，跟真實歷史的人才狀況，沒有關係了？

那又未必。讓我們換個方向問：這麼精采的人物故事，選定了三國時代做背景，有特殊道理嗎？可以把這些戲劇性的人才故事，搬到別的時代，甚至別的社會上去上演嗎？如果只是說書人編故事的本事，那麼為什麼像隋唐爭戰或明初亂局的人物，編不出《三國》這樣的氣勢與規模呢？

《三國演義》的人物，只能出現在三國，因為歷史上，那本來就是個最講究人才，最在意人才個性與能力的時代。後漢班固編寫《漢書》，就做了一個「古今人物表」，把古往今來的歷史人物硬是分成「上上」到「下下」九個等級。三國到魏晉最具特色的書，一本是劉劭的《人物志》，一本是劉義慶的《世說新語》，都是表彰人物言行風格的。

應該這樣說，因為漢末到魏晉是個高度強調人物，追求人物精采表現的時代，所以累積了最多關於人物的種種個性軼事，才鋪設了《三國演義》可以創造眾多人物故事的基本條件。《三國演義》的人物故事不會都是真的，但那種人物各有個性，追求能力與智慧表現的氣氛，卻不是說書人編出來的。正因為歷史上三國有那樣的人物氣氛，說書人才順理成章用三國當背景編出最多最迷人的人物故事。

再怎麼天馬行空的故事，都不會是不小心天上掉下來的，必然跟故事描述的社會，或故事產生的社會，有著巧妙的關係。於是，我們就能透過故事讀到背後的社會與時代，並體會故事與社會間有趣多樣的關聯。

6.

迷人、能夠長久流傳的故事，
必然有其閃亮如鑽石的核心部分。

電影《特洛伊》裡有一場重要的高潮戲。老演員彼得．奧圖與偶像明星布萊德．比特跨世代飆戲。彼得．奧圖飾演的特洛伊城老城主偷偷到希臘軍隊的營帳中，找布萊德．比特飾演的大英雄阿奇利斯，哀求阿奇利斯將他兒子的屍體歸還。

老淚縱橫的城主放下所有身段，苦苦懇求阿奇利斯，畢竟他兒子赫克多也是個英勇的戰士，應該得到戰士的葬禮，讓特洛伊城民給予他最終的榮耀。阿奇利斯始終怒氣沖沖，沒有等老城主說完，激動大叫：「但是他殺了我的表弟！」

毀了，那麼難得的兩個演員；毀了，這麼精巧的電腦動畫特效；毀了，一億七千萬美金的龐大預算，通通毀在這句台詞上。「但是他殺了我的表弟！」這是什麼台詞啊？我們完全無法理解，更不可能同情，為什麼表弟會對阿奇利斯那麼重要？

劇情發展中，希臘聯軍的統帥阿格曼儂沒收了阿奇利斯的女奴，讓阿奇利斯大為不滿，拒絕再上戰場。少掉了大將阿奇利斯，希臘聯軍根本無法跟赫克多對抗，圍城毫無進展。多少人去對阿奇利斯曉以大義，希望他回來跟大家並肩作戰，阿奇利斯通通不予理會。一直到另一位大將帕特洛克魯斯在戰役中遭到赫克多殺害。悲痛的阿奇利斯為了替帕特洛克魯斯復仇，而不是為了希臘聯軍衝上戰場，以他超人的英勇殺了赫克多，而且凌遲赫克多的屍體洩恨。

但，帕特洛克魯斯是誰？電影告訴我們——是阿奇利斯的表弟！阿奇利斯還真看重表兄弟關係，一怒為表弟而改變了希臘歷史！

荷馬史詩《伊里亞德》*中，沒有表弟這一段。因為西元前十世紀的希臘人並沒有明確的姻親關係，更沒有大家庭聯繫。依照《伊里亞德》，帕特洛克魯斯是阿奇利斯的情人，整個世界上，他最珍愛的人。換句話說，阿奇利斯是為愛人而怒，也是為了愛，才狠心拒絕赫克多老爸爸的哀求。

拍電影時，導演跟編劇不想去碰觸希臘人的同性戀情感，又怕加上兩個大男人相愛的情節，會趕跑不少觀眾，所以選了個取巧的方法，保留了這最具衝突張力的情節，卻將阿奇利斯跟帕特洛克魯斯的關係改成了表兄弟。

於是愛人情懷與父子連結最強烈的衝激，在電影裡變成了一個荒謬的笑話，讓阿奇利斯變成一個白目的人。人家老爸爸來，既不要求報仇，也不期望道歉，只想將兒子的屍體帶回去，那麼深刻的父子關係，相對那麼卑微的請求，你阿奇利斯竟然大叫：「表弟！」父子對表兄弟，太不成比例，阿奇利斯也太不人性了吧？

故事不能亂改，故事外圍的元素，可能因轉述而產生種種變形，然而迷人、能夠長久流傳的故事，必然有其閃亮如鑽石的核心部分，亮如鑽石，往往也就堅硬如鑽石，抗拒任意變動。那部分一變，故事就不再是故事，故事就失去光采了。

聽故事、講故事，先要能辨識，什麼是故事的鑽石核心，辨識不出鑽石核心的人，給他一億七千萬美金，也還是講不出好故事來的。

〈知識放大鏡〉

* **《伊里亞德》**(Iliad)

荷馬史詩是古希臘最重要的史詩作品，荷馬史詩包括《伊里亞德》和《奧德賽》（Odyssey），相傳是盲眼的吟唱詩人荷馬（Homer）所寫，大約完成於西元前750-725年。《伊里亞德》敍述圍攻特洛伊城十年的故事。史詩以阿奇利斯（Achilles）和阿格曼儂（Agamemnon）的爭吵開始，以赫克多的葬禮結束，人物性格描寫生動，故事引人入勝。

7.

對的觀點，好的敘述策略，
縮短聽故事的人跟故事間的距離。

「六歲教書，恭愿仁順；禮教具備，矜莊寂寧，有巨人之志。父未嘗笞，母未嘗非，鄰里未嘗讓。八歲出於書館，書館小童，百人以上，皆以過失袒責，或以書醜得鞭。充書日進，又無過失。手書既成，辭師受論語尚書，日諷千字。經明德就，謝師而專門，援筆而眾奇。所讀文書，亦日博多。才高而不苟作，口辯而不好談論。非其人，終日不言。其論說始若詭於眾，極聽其終，眾乃是之。以筆著文，亦如此焉。」

這段文字裡描寫的對象，是漢朝的王充。文中形容王充六歲就展現了特殊的性格，沒有一般小孩的頑皮，卻有大人的志向，所以父母鄰居都找不出理由來罵他打他。八歲開始跟其他小孩一起上學，別的小孩都因為犯錯被罵，或因字寫得太醜被打，只有王充一個人字寫得越來越好，又從不犯錯。識字會寫字了，接著開始讀《論語》《尚書》，一天就能背一千字。於是開始能獨立寫奇妙的文章。才氣很高但不隨便寫，口才很好但不喜歡跟人家辯論，沒碰到對的人，一整天都不說話。他立論都跟一般人不一樣，但等到全部聽完他的話，大家都覺得他說得很對。他寫的文章，基本上也是如此。

這段文章褒讚王充的用語、口氣，都像是當時史書裡人物傳記中常常會出現的。可是這段話，卻不是出於《後漢書．王充傳》，而是王充自己作品《論衡》裡的一篇「自紀篇」，換句話說，是王充寫來形容自己的。

史書傳記這樣寫一個人，跟一個人這樣寫自己，就算內容完全一樣，還是會給我們很不一樣的感覺。史書上的傳記，我們不見得會照單全收，也不能都視之為真實，我們會理解當中有這個文類的慣習在作用，這樣基本上以後人客觀紀錄為主的口氣，被王充挪用來講自己從小就多好多了不起，我們讀來就不只是有所提防，甚至油然生出反感來了。什麼樣的人，會如此抬高自己自吹自擂呢？把自己講得那麼好，光是這份自誇就讓我們有理由相信他沒有那麼好，沒有那麼了不起。

這中間牽涉的，一是敍述觀點，二是說服力。而敍述觀點和說服力密切相關。王充混淆了本來應該適合別人採用的觀點，當作「自紀」觀點，於是嚴重傷害了文章的說服力。一個人說學校裡一百個小孩，別人通通都挨罵挨打，只有他沒有，我們心裡不會冒出本能的懷疑嗎？

說故事，要讓故事被別人聽到被別人聽進去，我們不能只考慮故事內容要說些什麼，還要講究是用誰的立場用誰的口吻來說這個故事的？故事的敍述觀點，跟這個故事的關係是什麼？誰用了什麼方式經驗了這故事，或轉述了這故事？對的觀點，好的敍述策略，縮短聽故事的人跟故事間的距離，當然，倒過來，隨便、邋遢的敍述角度卻會讓讀者對故事產生戒心、甚至反感，進不了故事構築的世界裡了。

8.

講一個「內幕故事」，關鍵之處就在能否找到一個類似「家庭女教師」的角度。

維多利亞時代的小說，最常出現的女性角色是governess，一般翻譯做「家庭女教師」。這種家庭女教師通常出身中下階層，進到上流貴族家庭去教小孩。她們多半就住在主人家裡，不只教書，還要照顧小孩的生活常規，地位比一般佣人高，更重要的，跟主人的互動比一般佣人密切得多。

小說喜歡寫「家庭女教師」，因為家庭女教師帶著好奇眼光深入上流家庭，可以看到許多或荒謬或悲哀的祕密；也因為年輕、漂亮的家庭女教師最有機會在貴族環境中上演「麻雀變鳳凰」的驚奇戲碼。

清末民初，中國，尤其是上海大家族曾一度引進西化的governess制度。宋慶齡、宋美齡的媽媽倪桂珍就曾經在盛宣懷家當「養娘」，就是身兼教師工作的奶媽。後來宋慶齡、宋美齡的姊姊宋藹齡接替媽媽，也進了盛家，當的就是名正言順的家庭女教師。靠這層關係，盛家安排了宋子文進入漢冶萍公司，開始了宋家在實業界的經驗。

民國以後，盛家的發展大不如宋家，倒過來，曾經被宋藹齡「教過」的盛家老七盛昇頤巴著孔宋家族在上海大做生意。抗戰軍興，盛昇頤隨國民政府撤退到重慶，出任「華福煙公司」董事長，大賣「華福牌」香菸賺錢。還有「華盛企業」、「大陸運輸」和「昆明滇力製鋼廠」，都是他的。

盛家、宋家、孔家，當然還要加上蔣家，縱橫民國政商勢力的這些家族，原來起頭於「家庭女教師」的關係，「家庭女教師」之重要，可見一斑。

侯門深似海，正因為一般人進不去，所以格外引起好奇。大家都想聽侯門的故事，但由誰來披露、由誰來講呢？上流貴族社會的成員，沒有動機曝露內部祕密，而且他們視自己的生活為理所當然，也缺乏選擇故事的好奇角度。佣人們在侯門生活邊緣遊走，可以看到聽到不少，然而畢竟沒有機會真正參與那種生活，理解那種生活的種種眉角。

沒有比家庭女教師更具「故事優勢」的了。她們從外面進入那原本對外封閉的系統裡，地位不內不外、不上不下，還有，她們隨時可能被拖入故事裡，成為故事的一部分，甚至一轉身發現自己成了故事輻輳關係的中心。因而她們訴說的故事，既切身又陌生，既親密又新奇，最能吸引聽眾與讀者的注意了。

講一個「內幕故事」，關鍵之處就在能否找到一個類似「家庭女教師」的角度。這個說故事的人，不能一開始就對內幕、祕密瞭若指掌，那樣就失去了故事的懸疑性；這個說故事的人，也不能純粹冷靜客觀、事不關己，他必須帶領聽故事的人一步步走進充滿陌生現象的環境裡，然後一步步弄清楚其間的道理，卻也在這個過程中，讓自己跟故事越來越分不開，換句話說，讓聽故事的人隨而跟故事越來越分不開，於是本來是豪門巨室裡的祕密故事，變成了大家都想知道、非知道不可的共同渴望了。

9.

故事的戲劇性落差遠超過我們的一般日常經驗，
於是聽故事的人必然將日常經驗暫放一邊，只感受故事。

宮本武藏*越過鈴鹿山，遇見了擅長特殊武器「鎖鏈鐮刀」的打鐵匠梅軒，武藏恭謹地向梅軒請教，梅軒就邀他到家中一談。

在梅軒家中，不顧妻子的不悅，梅軒置酒備飯款待宮本武藏，還對武藏大談鎖鏈鐮刀用在戰場上的效益。接著又教了武藏如何操使鎖鏈鐮刀的玄妙之處。雙手並用控制鎖鏈和鐮刀，讓武藏想起「人有雙手，使劍卻只用到一隻手」，這正是後來宮本武藏發明「二刀流」的重要起點。

梅軒一邊說明，一邊不斷對武藏勸酒，喝得武藏酩酊大醉。梅軒還好意地將火爐旁的熱被窩讓給武藏。醉中武藏連謙讓的力氣都沒有了，爬進梅軒的太太本來抱著嬰兒在睡的被窩裡，一下子就呼呼大睡。

武藏做起夢來，夢見自己化成嬰兒，在母親的懷抱裡，母親唱著現實裡梅軒太太唱的催眠曲，然而美夢隨而轉成惡夢，父親逼迫武藏離開母親，要他選擇「你是父親的兒子還是母親的兒子？」

痛苦中，宮本武藏醒來。睜開眼睛望著被煤炭燻黑的天花板，紅色光芒忽隱忽現。那是即將燒盡的爐火映在上面。就在他頭上，掛著一個風車，從天花板垂掛下來。那是梅軒兒子的玩具。接著，武藏又聞到被褥上有母乳的甜香。難怪他會夢見其實自己從未見過面的母親。整個環境裡充滿了家庭天倫的溫暖。

就在這樣溫暖的環境中，風車開始慢慢轉起來。轉起來的風車展現出更漂亮更迷人的姿態。

武藏驚覺奇怪。風車為什麼會轉？有人開門或開窗嗎？轉了幾下，風車又停了。武藏明白了，剛剛有人躡手躡腳地進出後門，所以五彩繽紛的風車才會像蝴蝶一樣，時而張翅飛舞，時而停止。

武藏立即靜悄悄地從被窩中起身……

這是吉川英治小說《宮本武藏——劍與禪》中有名的一段情節，示範了如何讓故事吸引人的方法。最甜蜜溫暖的氣氛中，藏著最凶險的危機。甜蜜溫暖越具說服力，危機乍現的時刻，就越是讓人感受到喘不過氣來的凶險。貫串甜蜜溫暖和危機凶險的，是那只美麗的風車。轉起來的風車比靜止的風車更美，然而讓風車轉起來的理由，卻正隱伏了凶險動作的起因。

營造出這種對比張力，也就必然將說故事的人吸進故事的情境中，因為故事的戲劇性落差遠超過我們的一般日常經驗，於是聽故事的人必然將日常經驗暫放一邊，只感受故事，只在意故事裡的戲劇性。

> 風車突然開始急促旋轉，忽隱忽現的爐火餘光照著風車，看來好像變幻萬千的花朵一樣，不斷旋轉，現在，宮本武藏聽見屋裡屋外有明顯的腳步聲！……終於，在門簾那兒出現兩道目光，有一名男子手拿長槍繞過牆壁，來到被窩的另一邊……

〈知識放大鏡〉

*** 宮本武藏** (1584-1645)

日本江戶時代初期的劍道家、兵法家、藝術家，亦為日本歷史上最重要的劍客之一。為創立二天一流劍道的始祖。宮本武藏在50歲時，練成了大小兩刀並用的刀法，並發展成著名的「二天一流」兵法。二刀的技法簡單的講，就是統一左右兩手手上大小二刀的動作，由此達到戰勝對手這一目的。他開創的刀法，深受世人關注，更是眾多後世武術家學習的項目，其中包括李小龍、大山倍達。

10.

善說故事的新渡戶稻造就靠並列三個表面上分歧相異的故事，讓故事彼此互註互證。

日本傳統武士家的孩子，還很小的時候就會被送到陌生的家庭裡去，靠別人提供的貧乏、有限資源過活。他們在太陽升起前就起床，空著肚子晨讀，不管怎樣寒冷的冬天都赤腳走路上學。一個月中有一兩個晚上，他們分成小組彼此監視，整晚熬夜不睡輪流朗讀。

長大一點，他們會去各種恐怖的地方，例如刑場、墓地或傳說中的鬼屋。在斬首示眾還很普遍的時代，日本少年不只要去看行刑的過程，還要在夜幕落下後，隻身回到刑場，用小刀在切下來的人頭上作記號，證明自己的勇氣。

這是第一個故事。

江戶城的建造者太田道灌死在刺客的長矛攻擊下。刺客知道太田道灌精通詩詞，當長矛刺穿太田身體時，還念了兩句詩：「啊！如此時刻／生命之光將逝，空留餘恨……」聽到刺客念出的詩，遇刺的太田道灌竟然還能從容地接了兩句：「若非這樣的平靜時刻／又怎有機會洞見人生光輝？」然後在詩句聲中緩緩斷氣離世。

這是第二個故事。還有第三個故事。

源義家帶兵與安倍貞任打仗，安倍軍潰敗，源義家從後追擊，看到貞任的蹤影，他一邊拉滿弓準備發射，一邊對安倍貞任大喊：「一個武士竟然將背朝向敵人，真是丟臉啊！」

安倍貞任聽到了，立刻勒馬駐足，源義家瞄準的同時看清楚了安倍貞任身上戰袍，突生感慨，一句詩脫口而出：「戰袍被撕裂成碎片……」念了前半句，安倍貞任竟然就接口說：「因絲線已在歲月中耗損。」

源義家鬆開了本來拉滿的弓，繼而轉身離去，讓安倍貞任得以逃離戰場。旁人問他為什麼放走敵人？源義家說：「這樣一個人，被敵人窮追時還能維持平靜心情，我無論如何不能用自己的箭讓他蒙羞。」

這三個故事，出現在新渡戶稻造*向西方人介紹「武士道」的書中第四章。那一章的主題是解釋「勇氣」在日本武士生命中的意義。新渡戶稻造先在正文裡講了第一個故事，然後接著在註釋中講了第二和第三個故事。用後面兩個故事當第一個故事的解說，讀者很容易就明白了：武士訓練勇氣，其終極追求並不是在戰場上無懼地攻擊敵人，而是真正能以平常心冷靜看待死亡，包括冷靜平靜看待自己的死亡。一個在死亡威脅下都不會失去詩心詩意的人，最勇敢，也最值得尊重與敬佩。

這樣一種深植於日本文化，尤其是日本武士道中的特殊價值概念，用敍述或分析的語言，多難讓外人理解！然而善說故事的新渡戶稻造就靠並列三個表面上分歧相異的故事，讓故事彼此互註互證，不只是敍述與分析達不到的深層之處得以有效呈露，而且還省了多少唇舌篇幅！

〈知識放大鏡〉

* **新渡戶稻造** (1862-1933)

思想家、教育家，出生於日本岩手縣盛岡市。札幌農學校（今北海道大學）畢業。曾擔任國際聯盟副事務長、台灣總督府民政部殖產局長、第一高等學校（現東京大學前身之一）校長，也是東京女子大學的創立者。著有《武士道——日本人的精神》、《修養》等書。

11.

這個牽涉到「英國聖誕蛋糕」，沒有落實的荒謬故事，卻成了我們體會佛西叢林生涯，最鮮活的插曲。

黛安・佛西（Dian Fossey）*和珍・古德（Jane Goodall）都是偉大的靈長類動物學家。兩人同樣受到李奇（Louis Leackey）的啟發鼓勵，到叢林裡對靈長類動物進行親密且長期的觀察研究。古德研究黑猩猩，佛西則研究大猩猩。

佛西在盧安達花了十八年時間，不只觀察大猩猩，實質上還照顧、保護大猩猩不受盜獵者傷害。她在《國家地理雜誌》上發表的文章，讓很多人對大猩猩產生興趣，大幅提高了對大猩猩的關切。

佛西在盧安達的調查生活，並不容易。她身上帶著一把有執照的史威手槍，還擁有一把非法的柏瑞塔掌心雷。即使這樣，她都還覺得不夠安心。一度，她拚命設法想要從奈洛比再多走私進口一把柏瑞塔。

她的想法：請朋友的太太烤個蛋糕，把蛋糕放進圓形的大錫盒裡，槍就藏進蛋糕中，用航空包裹寄到盧安達。

佛西的助理提醒她：「這樣太冒險了吧？過得了齊加里海關嗎？他們不會懷疑蛋糕怎麼那麼重？」

佛西安慰助理：「別擔心。想想看英國人過年吃的那種質地紮實的蛋糕，那有多重！叫他們在蛋糕外面寫上『英國聖誕蛋糕』不就成了？盧安達的海關不會起疑的。」

助理抗議：「他們哪裡會知道『英國聖誕蛋糕』是什麼鬼東西！」

英國聖誕蛋糕，舊名叫「十二夜糕」，聖誕節前做好，卻是聖誕節過後第十二天才拿出來吃的，基本上是一種為了耐久儲存設計的食物。用麵粉、雞蛋、奶油、水果乾和堅果做成，一蒸再蒸，內容極其厚實，外面用大量白糖和蛋白打成的糖霜外殼，其硬無比，虧佛西想得出用這種全世界最重的蛋糕來當走私槍枝的掩護！

那封請求走私槍枝的信，寄出去了，但奈洛比那邊卻沒有回音。後來才知道，人家看到把槍藏在蛋糕盒裡的提議，大笑一場，根本沒有認真當一回事。

這個牽涉到「英國聖誕蛋糕」，沒有落實的荒謬故事，卻成了我們體會佛西叢林生涯，最鮮活的插曲。令人發笑的想法背後，反映的是佛西為了保護大猩猩的艱難處境。為了大猩猩，她不惜跟盜獵者對抗，她需要槍來阻擋盜獵者，也需要槍來自我防衛，對槍的迫切需要讓她連靠「英國聖誕蛋糕」來走私的想法，都不放過。

事實證明，她是對的。只可惜證明本身，是巨大的悲劇。一九八五年，佛西在盧安達的研究基地慘遭謀殺，死後屍骨跟一群她觀察研究過的大猩猩葬在一起。她的死因，顯然跟保護大猩猩對抗盜獵者密切相關。

這樣一位悲劇英雄，最容易記得她的方式，不是透過哭哭啼啼的情節，反而是那好笑的「英國聖誕蛋糕」，讓我們產生最深刻的哀涼情緒。

〈知識放大鏡〉

*** 黛安・佛西** (Dian Fossey, 1932-1985)

近代保育非洲黑金剛猩猩（gorilla）最著名的代表人物之一。

因為對動物極有興趣，佛西進入聖荷西州立大學就讀獸醫系，後來轉讀「職業治療」，成為「職業治療師」。1963年她至南非旅遊，在那兒遇見李奇博士，開始對黑金剛猩猩的研究發生興趣。

她保護全世界碩果僅存的大猩猩不遺餘力，並與大猩猩建立了罕見的可貴情誼。她為了大猩猩的野外調查、記錄及保育工作，奉獻青春而終身未嫁。

佛西後來不敵獵人的勢力，在非洲遭不知人士暗殺，犧牲生命，但她所創立之保育黑金剛猩猩基金會，激起更多人對大猩猩的關切與愛心。

她曾將照顧大猩猩的經歷，寫下《朦朧中的黑金剛猩猩》（Gorillas in the Mist）一書，電影《迷霧森林十八年》即根據此書改編。

12.

失敗讓人厭惡，然而英雄失敗的悲劇故事，卻會引來同情與諒解。

德國思想家班雅明在他著名的文章〈說故事的人〉之中，給了「故事」一個簡明的描述，「故事是來自遠方的親身經歷」，班雅明要強調的是，**故事會那麼迷人，至少曾經那麼迷人，因為故事訴說的內容不是會發生在我們身邊的日常經驗；同時，故事卻又和說故事的人，或和說故事的人認識的人，有著明確的切身關係，所以能夠引發聽故事的人的共鳴感受，不會只是身外遙遠空想的情節而已。**

一個成年人讀《哈利波特》，往往只覺得羅琳「真會掰」，掰出來的車站、學校、掃把遊戲真有趣；可是一個被《哈利波特》吸引的小孩，心中不會有「掰」的概念，他隨著霍格華茲學校裡發生的事變動情緒，那些情緒對他而言，再真實不過。因而我們了解了，其實會不會有班雅明講的「故事效應」，不完全取決於說故事的人說了什麼樣的故事，而在聽故事的人，用什麼樣的心態對待這些故事。

一九六五年，古巴的卡斯楚發動了一場農業群眾運動，要求古巴全國上上下下投入於甘蔗生產，將國家發展的基礎寄望在蔗糖大增產上。卡斯楚希望短期內將古巴的蔗糖產量提升到一年一千萬噸，那就可以藉由外銷蔗糖得到的利潤，償付對蘇聯的欠債，讓古巴的經濟不需一直依賴蘇聯提供的資本與技術援助。

為了達成這目標，從不識字的小孩到大學教授，政府官員到高級工程師，超過一半的人口，都被動員下到蔗田或製糖廠勞動，弄得大家「聞糖色變」。

然而，農業生產畢竟有太多無法用意志與人力強迫改變的部分，毛澤東五〇年代在中國搞的「大躍進」是最明顯的例子。卡斯楚的試驗，進行了五年後，非但沒有達成一千萬噸蔗糖的生產目標，還帶來了整個農業部門荒欠的危機。

一九七〇年，卡斯楚在一場電視轉播的演說中，向古巴人民承認蔗糖增產計畫失敗，不會有一千萬噸蔗糖，不會有高額外匯注入，獨立於蘇聯債務之外的經濟自主不會出現，貧窮與依賴的情況也就不可能在短期內解決。

完全不同於毛澤東封鎖「大躍進」帶來饑荒的消息，用上中國共產黨所有控制手段扭曲所有事實，卡斯楚整整花了三個小時，詳細對古巴人民訴說蔗糖增產計畫每個過程中，他的想法他的努力和他的煎熬感觸。當時和古巴人一起盯著電視從頭看到尾的一位墨西哥女作家如此形容：

> 他堅決的意志一定要大家理解他的想法，將他的思考過程徹底公開，把一個觀念講了又講，一直到確認整個島上沒有一個人不清楚不明白，而且島上每個人彷彿都跟他一起走過了那段歷程。雄辯的修辭、無盡的凝視眼光，具備了惑人的魅力。連他的失敗都同樣有魅力。看著承認失敗的卡斯楚，就像是看著一位赤裸空手的英雄在競技場裡等著獅子致命的攻擊。三小時中，我陷入一種奇異的寧靜歡悅中，被卡斯楚無窮無盡的話語和他展現的巨大痛苦淹沒了。

卡斯楚把愚蠢的政策，講成了一個英雄受難痛苦的故事。他的痛苦，巨大的、更高層次的痛苦，超越了古巴人民自身承受的犧牲，而且他的痛苦是真實的，是一樣受苦的古巴人民可以體會的。卡斯楚靠著訴說了一段「來自遠方的親身經歷」，靠著把自己化身為精采的「說故事的人」，解除了自己政治生命上的一場大危機大

風暴。到今天，毛澤東的「大躍進」一直都還是他歷史評價上的超級大汙點；相對地即使是卡斯楚的政敵，都很少將「蔗糖大增產運動」講成是卡斯楚的主要罪狀了。

失敗讓人厭惡，然而英雄失敗的悲劇故事，卻會引來同情與諒解。

13.

傑弗遜和漢密爾頓的抗衡故事裡，
有著讓故事吸引人的一項核心素質——戲劇性的對照與反轉。

美國開國元勛中，傑弗遜*和漢密爾頓*長期對立，而且他們確實有對立的深刻理由。

傑弗遜出身莊園主人，他熟悉的，是農業環境，是原始的北美殖民地狀況。革命之後成立了美利堅合眾國，傑弗遜對「合眾國」認真嚴肅以待，認定這個新國家應該堅持十三個舊殖民的既有自主地位，所以十三州才是國家權利主體，聯邦政府相對沒那麼重要，也就不該擁有太多權力。而且傑弗遜想像的美國，應該保持農業牧歌氣氛，有別於歐洲，尤其是英國的發展方向。

漢密爾頓呢？他出生於西印度群島，父母甚至沒有結婚，十八歲時，他給紐約的報紙寫了一封投書，描述了家鄉小島受到暴風雨襲擊的情況，靈活精采的文字吸引了紐約慈善家的注意，出錢讓這個偏遠地區的優秀青年到紐約求學，漢密爾頓才得以踏上北美大陸。

漢密爾頓不屬於任何舊殖民地，他不可能認同十三州中的任何一州，相反地，他對新成立的美國充滿熱情。他要看到美國聯邦強大，也就不會希望各州擁有太大的分權空間。漢密爾頓想像中強大的美國，要能跟歐洲老牌國家競爭，因此美國必須趕緊迎頭趕上發展工業，不能停留在低階農業生產狀態。

這兩個人，在制憲會議上正面衝突對決。儘管漢密爾頓執筆寫了鏗鏘有力的「聯邦主義者文件」，然而在實際政治角力上，畢竟是傑弗遜代表的「分權派」占了上風。具體通過的憲法，讓漢密爾頓大失所望。制憲後選出的第一任總統，是漢密爾頓的老闆華盛頓，於是漢密爾頓反而成了這部美國憲法最早的執行者。

一七九〇年代，在華盛頓的支持下，漢密爾頓重整了美國聯邦財政，將各州的債務收攏來統籌處理，並且開始發行聯邦公債。一八〇〇年，漢密爾頓的老對頭傑弗遜當選總統，上任之後沒多久，傑弗遜給內閣財長的重要任務，就是檢討漢密爾頓設計的財政制度。傑弗遜身邊的人都知道，這個命令背後預藏的目的，是要揭露漢密爾頓的「魯莽與錯失」，可是送到傑弗遜桌上的報告卻開宗明義說：「這是建構過的系統中最接近完美的一個。」

傑弗遜接受了這個結論，繼而他成為真正操控運作漢密爾頓財政制度的第一個總統。

在所有美國開國人物中，除了華盛頓以外，就屬傑弗遜和漢密爾頓的抗衡故事，最受歡迎，最常被一再傳述。因為這裡面有著讓故事吸引人的一項核心素質——戲劇性的對照與反轉。這兩個人有著相反的信念與主張，然而當他們手上握有真實權力時，漢密爾頓執行運作的，是傑弗遜設計的憲法；而傑弗遜執行運作的，卻是漢密爾頓設計的財政制度。兩個人不只對抗，而且換位糾結。

這樣的故事，不只逗人興趣，而且可以從中刺激出許多人生聯想，讓聽故事的人自己去發展關於各種不同主題的教訓——關於個性、關於身分、關於命運、關於制度、關於責任、關於歷史把玩作弄人的模式。

〈知識放大鏡〉

* **傑弗遜** (Thomas Jefferson, 1743-1826)

美國第三任總統（1801-1809），同時也是美國獨立宣言（1776年）主要起草人，及美國開國元勛中最具影響力的人之一。傑弗遜對美國的願景為以農立國，耕者有其田，恰與漢密爾頓為代表的聯邦黨看法相對立。漢密爾頓希望美國成為商業與製造業國家。

* **漢密爾頓**
(Alexander Hamilton, 1757-1804)

美國的開國元勛之一，也是憲法的起草人之一，他是財經專家，是美國的第一任財政部長。

14.

我們心中問著這些人間故事的好奇問題，也就肯定了山德作品至高無上的藝術地位與價值。

人類攝影史開端初期，最重要的攝影家幾乎都是法國人和英國人。十九世紀歐洲文明另一個中心——德國，相對在攝影上似乎起步很晚，而且成就有限。

還好，德國有一個奧古斯特・山德（August Sander）。山德花一輩子的時間，做一個巨幅的攝影計畫，其野心、其成就、及其影響力，直追巴爾札克的《人間喜劇》。山德的計畫命名為《二十世紀的人》。從二十世紀還沒開始，他就準備用他的鏡頭完整記錄、顯示二十世紀的時代容顏。

山德的作法，很單純很平實，所以很困難。他幾十年不斷拍攝各種不同的人像，一直拍一直拍，用累積大量的人像照片呈現「二十世紀的人」。

當然，再多的人再多的人像照片，也不可能涵蓋二十世紀所有的人。山德仔細地將這些人像分類，主要是以相中人的職業來分，如果相片中照了超過一個人，就以他們彼此的共同關係來輔助分類。他拍了律師、哲學家、指揮家，他同時也拍房地產掮客、屠宰場學徒，另外照片裡有許多家庭，也有瘋人院、盲人院的集體照片。

山德相信十九世紀流行的分類觀，相信既然靠著林內分類學*，我們成功地掌握了自然動植物界的奧祕，那麼沒有道理我們不能用同樣的手法，進一步整理人的現象，理解人的現象。依照他的理想，不管是同時代或將來的後人，透過他費心細心分類排比的各行各業人像，大家就能鳥瞰二十世紀，協助透視二十世紀人的生活內在祕密。

今天看山德留下來的作品，大概沒有幾個人真能按照山德的理想，因此透視、掌握了二十世紀。我們會直覺自然地懷疑，山德的那些分類有道理嗎？不看他加註的說明，我們辨認得出相中人是哲學家還是農夫嗎？更讓人印象深刻的，是身著正式服裝的房地產掮客，看起來多麼像我們印象中的神職人員；而戴上帽對著鏡頭微笑的屠宰場學徒，看起來卻像貴族後裔紈褲子弟。

山德以為：用具體的人示範抽象的分類，最終觀者能藉分類協助把握二十世紀人的某種全面真理。用他的理想評判，那麼我們必須說，他失敗了。然而，這樣的失敗卻並不意味他的攝影作品沒有價值；相反地，山德的人像照片繼續不斷吸引乃至震撼所有的觀者。只不過觀者看到的，不是這些人所代表的抽象分類概念，而是他們留下的生命具體靈光瞬間暗示的背後故事。

那些分類註記沒有帶給觀者抽象領悟，卻逗引出具體生命故事的好奇。看著一張張照片，我們忍不住問：怎麼會有一個這樣的人去當屠宰場學徒呢？又怎麼會有那樣一個人去當房地產掮客呢？並肩坐在長椅上的兩個盲人，山德告訴我們他們一個是礦工一個是軍人，他們是怎麼變瞎的？山德拍的三個站在土路上的農人，為什麼他們的裝扮那麼不同，好像從三個不同時代裡跑出來的？……

我們心中問著這些人間故事的好奇問題，也就肯定了山德作品至高無上的藝術地位與價值。

〈知識放大鏡〉

＊ 林內分類學

林內(Carl von Linnaeus, 1707-1778)，瑞典醫生，後來成為植物學教授，發表「自然分類」(1735)，確立綱、目、屬、種，故稱「林內分類學」。

15.

《紐約客》可以不需要照片，這個雜誌用豐富的故事，跟讀者「博感情」。

美國老牌雜誌《紐約客》*到今天都還維持每期一百萬份左右的發行量，而且也繼續維持八十年來人文雜誌的傳統——幾乎不刊登照片。

當所有的熱門雜誌都強調視覺吸引力，都將越來越多的篇幅保留給五花八門的照片時，《紐約客》「惜照如金」的態度更顯獨特。《紐約客》可以刊登幾萬字關於巴黎最新時裝風格的報導，卻只附隨一張相片——而且還不是模特兒走伸展台的照片，是拍設計師的黑白照。每週一篇的電影評論，一樣，連張劇照都不會登，只有極度風格化的插畫裝點在文字間。

敢這樣做，一方面當然是《紐約客》極度精采的文字功力，另一方面是《紐約客》有足以代替照片的視覺武器——單幅漫畫。每一期《紐約客》會有二十幅左右的漫畫，打造了雜誌特殊的招牌。

這些漫畫充滿創意與奇趣，簡單的畫面，寥寥幾個字的旁白，就可以有效地挑動讀者的想像與情緒反應。隨便拿一本舊雜誌，舉幾個例子。二〇〇四年九月十三日的這期，有一幅漫畫畫了兩個背書包的小孩在人行道上講話，其中一個說：「暑假我參加了『在家夏令營』。」另外一幅則是一隻狗坐在大辦公桌後面，氣派地拿起電話來，對著電話那頭顯然是祕書說：「你能進來幫我追一下尾巴嗎？」

凍結的畫面耐人尋味，因為它們都能刺激啟動讀者的想像力，不只閱讀極其有限的訊息，而是同時讀到畫面以外、畫面後頭的故事。

小孩的故事是：大家夏天都去參加各種夏令營，秋天開學了當然大談特談夏令營經驗，一個可憐的孩子哪裡都沒去，就發明了「在家夏令營」的名稱，幫自己充充場面。小狗的故事呢？老闆都會要祕書幫忙做各種公私難分的服務，而且會退化懶惰到很多本來應該自己做的事，都習慣叫祕書做。所以如果換做是狗來當老闆，什麼是本來牠自己做的，現在卻都推給祕書處理的？追尾巴！

還有一幅漫畫，畫了一個看起來像黑道老大的人，舉槍對著一台電腦螢幕，旁邊文字寫著：「別再讓我沒面子了，拼字檢查！」

我們馬上能夠想像事情發展到這一步前的過程：黑道老大必須使用電腦打字，可是沒打幾個字，自動的拼字檢查就跳出來提醒他拼字拼錯了，一而再再而三，老大發火了，忍不住把槍掏出來，用他最習慣處理問題的方式對著電腦發最後通牒。想到這樣的過程，黑道老大的困窘模樣，我們忍不住發笑了。

每一幅漫畫，都是一個濃縮的故事，自然地在讀者心中攤開還原，這是《紐約客》雜誌上漫畫成功的祕訣。那麼多濃縮封存的故事，不斷從頁面上跳出來叫喚讀者的想像參與，也就可以提供比表面上花花綠綠，卻缺乏內在故事性的照片更精采的樂趣。難怪《紐約客》可以不需要照片，這個雜誌用豐富的故事，而不是單純的視覺刺激，跟讀者「博感情」，博出無可取代的深厚認同與感情來，可以歷經將近一世紀屹立不搖。

〈知識放大鏡〉

＊ **《紐約客》**(The New Yorker)

或譯作《紐約人》，首期雜誌發行於1925年2月17日。是一份美國知識、文藝類的綜合雜誌，內容涵蓋新聞報導、文藝評論、散文、漫畫、詩歌、小說，以及紐約文化生活動向等。《紐約客》雖不是完全的新聞雜誌，然而它對美國和國際政治、社會重大事件的深度報導是其特色之一。雜誌保持多年的專欄「城中話題」（The Talk of the Town），專門發表描繪紐約日常生活事件的短文，文筆簡練幽默。儘管《紐約客》上不少內容是關於紐約當地文化生活的評論和報導，但由於其製作嚴謹，也擁有許多紐約以外的讀者。

16.

不用將魔鬼翻轉寫成天使，歌德賦予魔鬼新的性格意義。

歌德的《浮士德》*寫人和魔鬼的故事，寫得淋漓盡致，風靡了一整代的歐洲讀者，還成就了長期傳流的重要經典。

《浮士德》迷人，因為歌德筆下的魔鬼，跟大家原本想像的魔鬼很不一樣。歌德用很巧妙的方式，塑造了既可惡卻又可愛的魔鬼形象，看到劇中的魔鬼，讀者不會害怕不會想要闔起書來跟魔鬼保持距離，反而會對魔鬼充滿了好奇興趣。

例如，詩劇中主角浮士德正式登場之前，先有一幕「天上序曲」。序曲開頭，三個天使長Raphael、Gabriel和Michael輪番上場，對上帝的功業大加崇拜讚賞一番。Raphael說：「不可思議的崇高功業，和在天地開闢之日同樣莊嚴。」Gabriel說：「壯麗的大地，神奇迅速地自行旋轉，天國般光明的白晝，和深沉而可怖的黑夜交換。」Michael講得更誇張，先是形容暴風的怒號，繼而有閃電的大火在燒，然而這些災難現象都是上帝的安排，所以「主呀，祢的天使們，讚美祢的時日推移是如此的精妙安好。」接著三人齊聲同頌：「祢的崇高功業，和在天地開闢之日同樣莊嚴！」

魔鬼跟在三位天使後面上場，而且一開頭就不客氣地對上帝表白——他沒有辦法講那些歌功頌德的話。「關於太陽和世界，我沒有什麼可講的，我只看見人類受苦的情況。」他沒有辦法讚美上帝，因為上帝創造的世界並不完美。上帝依自己的形象造的人，就是最好的例子。這些人具備了智力，卻因為智力而有了慾望，讓自己比任何其他動物都要來的愚妄，活在愚妄帶來的痛苦中。造出奇怪荒唐人類命運的上帝，怎麼會是萬能完美的呢？

這樣的話惹來上帝的不快，然而即使面對上帝的不快，魔鬼仍然不退讓：「主啊，我看人間總是那麼悲慘，他們天天受苦，我覺得真是可憐，連我都不想去為難他們了！」啊，人類悲哀到魔鬼都不忍心作弄我們了！

這樣短短一段對話互動，多麼鮮明地凸顯出魔鬼這個角色。沒錯，魔鬼是會跟上帝作對的，但相較於那幾個唱些門面諂媚歌頌的天使，魔鬼誠實、勇敢，更重要的，魔鬼在意人，跟人親近。會給人帶來多少傷害的暴風大火，天使只覺得那也都是上帝創造的了不起天然秩序。魔鬼卻對人類的痛苦處境看不過去，為了人類的痛苦去對上帝嗆聲。

一方面，歌德筆下的天使、魔鬼符合傳統的形象，天使充滿善，魔鬼帶著內在惡性，然而另一方面，靠著巧妙的轉化，歌德竟然就讓讀者感覺天使的善如此疏遠，反而是魔鬼的惡，跟我們那麼親近。從這裡開始，故事裡的魔鬼就抓住了讀者的注意力，而天使也就不需要再出場了。

不用將魔鬼翻轉寫成天使，歌德賦予魔鬼新的性格意義，就此開放出一個巨大的故事空間，人與魔鬼的關係不再固定，而是游離流盪，可以發展出各種可能性。可能性，正是故事吸引聽故事的人，最重要的元素。

〈知識放大鏡〉

* **《浮士德》**

這是一部長達一萬二千一百一十一行的詩劇，歌德花費六十多年時間創作，第一部二十五場，不分幕。第二部分五幕，二十七場。全劇沒有首尾連貫的情節，而是以浮士德思想的發展變化為線索。

《浮士德》的第一部完成於1808年法軍入侵的時候，第二部則完成於1831年，是時，歌德已83歲高齡。這部不朽的詩劇，以德國民間傳說為題材，以文藝復興以來的德國和歐洲社會為背景，寫一個新興資產階級先進知識分子不滿現實，竭力探索人生意義和社會理想。是一部結合現實主義和浪漫主義的詩劇。

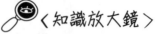

17.

好的故事，除了讓人相信讓人深刻感受，也要考慮帶給信了、感受了的聽故事的人，什麼樣的生命效應。

王鼎鈞的回憶錄第四部《文學江湖》，裡面沉痛地記錄了整整六十年前，一九四九年七月發生在澎湖的「山東流亡學校煙台聯合中學匪諜組織案」。王鼎鈞的弟弟妹妹都在流亡學校的「八千子弟」當中，幸而沒有被牽連，然而此一案前後百餘多學生被捕，最終兩位校長和五名學生遭判死刑槍斃。

案子起於澎湖防衛司令部違背規定，把本來該繼續讀書的學生編入了步兵團裡，引起校長與學生的不滿反抗，校長向台北告狀求救，澎防部為了自保，也為了「解決問題」，索性「做」出一個匪諜案來。

做案如做文章，先要立意，那就是煙台聯中有一個龐大的匪諜組織，鼓動山東流亡學生破壞建軍。

做案如作文，有了材料便要布局。……辦案人員鎖定其中五個學生，按照各人的才能、儀表、性格，強迫他們分擔腳色，那作文成績優良的，負責為中共作文字宣傳；那強壯率直的，參與中共指揮的暴動；那文弱的，首先覺悟悔改自動招供。於是這五個學生都成了煙台新民主主義青年團的分團長……每一個分團當然都有團員，五個分團長自己思量誰可以做他的團員，如果實在想不出來，辦案人員手中有「情報資料」，可以提供名單。證據呢？那時辦「匪諜」，只要有人在辦案人員寫好的供詞上蓋下指紋，就是鐵證如山。

案子做出來，中間有國大代表向蔣介石總統申冤，蔣介石也派了人去調閱案卷，看了半天，結論是「一切合法」，沒有翻案的機會。

王鼎鈞感慨：這個案子，不是「司法產品」，而是「藝術產品」。用了真的人，真的性格，去編派結構了完全是假的東西。假的所以能作惡，因為裡面有真的材料，所以讓人不覺其為假。

這樣的事，從令人不忍的反面，說明了故事的力量，以及構成故事力量的核心因素。**具備說服力的故事，一定會有真的材料，一定要建立在真實的人情上，什麼樣的人會做什麼事，背後有真實明確的道理，不考慮這種「真實」，故事就很難讓人相信了。**

這樣的事，也從令人不忍的反面，說明了故事的道德範限。**正因為故事可以遊走於真假之間，拼湊真的材料創造亂真的假的結構，所以說故事的人，也就有責任思考亂真的故事吸引了什麼人，創造了什麼樣的效果。好的故事，除了讓人相信讓人深刻感受，也要考慮帶給信了、感受了的聽故事的人，什麼樣的生命效應。**

那些羅織「煙台聯中匪諜案」的人員，為什麼這麼會編故事？是不是因為那個時代，他們還讀很多小說、看很多寫實的舞台劇，換句話說，他們的生活裡有夠多的「故事訓練」，卻沒有相應的「故事責任」，所以能用那一身故事本事來害人呢？

—第四章—

重新認識故事，拾回對故事的好奇心

1.

好奇先於故事存在，是一種準備要相信和生活經驗很不一樣的事物的態度，這種態度讓人接近故事，接受故事。

二〇〇四年，伊東豐雄*設計的東京Tod's旗艦店兼辦公室在表參道開幕，讓日本人覺得跟這個品牌更加親近了。

Tod's剛進日本時，品牌名字比較長，叫J. P. Tod's。沒有幾年，J. P. 兩個字不見了，只剩下Tod's。這個變化，還引起了日本流行界不小的騷動，雜誌報導後，許多有禮貌又體貼的日本人跟進，寫信給Tod's總公司慰問：創辦人J. P. 先生過世了嗎？

Tod's總公司感謝日本大眾的親切詢問，卻從來沒有正面回應過與J. P. 先生有關的任何事。他們沒辦法回應。因為根本沒有J. P. Tod這個人，Tod's這個品牌，也不是姓Tod的人家或家族創設的。這個品牌的老闆是義大利人，出身傳統鞋匠家族，姓的是Della Valle。

那麼Tod's這個品牌怎麼來的？那是Della Valle翻美國波士頓電話簿找出來的。時值七〇年代，義大利品牌開始在美國氾濫，同時日本經濟實力冒出頭來，高級時裝品牌紛紛布局，以東京為下一個主要的市場目標。翻開波士頓電話簿時，Della Valle心中明白自己的目標，他要找一個「不義大利」的名字，最好給人一點跟英國貴族有關的聯想，從而又有點美國味道，更重要的，這名字必須簡單到連日本人都能輕鬆準確地發音，而且輕鬆準確地記得。配合這個名字，Tod's的品牌標誌上畫了兩隻形象化的獅子，給人更清楚的皇家貴族想像。

事實證明，Della Valle的策略成功了。別人習慣性地販賣義大利時尚工業的地位，Della Valle反其道而行，刻意將自己的義大利身分掩藏起來，提供更大的想像空間，想像品牌背後的故事。義大利的時尚品牌可以有優勢，卻也有其限制，那就是太順理成章了，大家習於接受，就不會多想什麼。

Tod's沒有真的去編什麼故事，他們不曾虛構J. P. Tod是個怎樣的人，有什麼設計或經營上的豐功偉績，他們也從來沒解釋那兩隻獅子有何典故，他們給的，是故事的暗示。

故事的暗示，鼓勵人家用自己的想像參與感受故事。大部分時候，顧客只是朦朧地覺得自己似乎透過Tod's與某個人、某個傳奇故事相接，直到她發現：咦，本來叫J. P. Tod's的，怎麼少了J. P.？才忍不住去追究那個故事的面貌。

他們追究不出故事，但那也沒關係，**現代生活少的本來就不是或真實或捏造的故事，而是一種對於故事的好奇。好奇先於故事存在，是一種準備要相信和自己生活經驗很不一樣的事物的態度，這種態度讓人接近故事，接受故事。**有時候，很多時候，故事真正講了，反而就破壞了故事成立的氣氛，世俗功利的現代人，會習慣地反應：「真的嗎？可能有這種是嗎？」或者：「啊，原來只有這樣啊！」

保有故事的好奇想像，比得到故事更重要、也更難得。

伊東豐雄幫Tod's設計表參道大店時，也給了一個故事。那塊建築基地面對表參道的寬幅較小，正常的作法一定是用全幅的玻璃增加寬幅效果，伊東豐雄卻做出混凝土的框架，再在框架中鑲嵌玻璃。一共鑲嵌了兩百七十塊玻璃，沒有任何兩塊形狀相同，而框架和玻璃組成既抽象又具象的樹枝圖案，呼應表參道上滿種的櫸木，遠遠看，彷彿像是樹影放大投射上了建築表面般。

多加了故事，或故事的想像，品牌就不只是品牌，建築不只是建築，而帶上了伊東豐雄說的「栩栩如生的強大力量」，透顯出「有機質的美麗」。

〈知識放大鏡〉

＊ 伊東豐雄 (1941-)

國際備受矚目的日本建築師，2001年完成的「仙台媒體中心」被譽為新世紀建築的代表作，隨即在世界建築界掀起「伊東風潮」，2002年獲頒威尼斯建築雙年展的終身成就金獅獎，並於2005年11月獲得英國皇家建築協會建築金獎（RIBA）的殊榮。重要作品包括仙台媒體中心、Tod's表參道大樓、東京「White U」、伊東自宅「Silver Hut」、橫濱「風之塔」等，另有許多世界各地的設計案。

2.

哈斯汀讓書莊嚴高貴，庫哈斯讓書活潑刺激，他們仔細考慮了要讓藏了大量的書的建築，對市民們訴說什麼樣的意義。

位於第五大道上的紐約市立圖書館，是在一九一一年落成啟用的。那個時候，蓋一座公共圖書館免費提供給市民使用，是個新鮮，新鮮到有點前衛激烈的想法。所以負責設計那棟建築的哈斯汀有一個清楚的對策，公共圖書館觀念太新，所以公共圖書館的建築必須要舊。當然不是要讓它蓋好看來像個舊建築，而是要讓人家直覺對這個建築覺得熟悉，覺得親切，覺得順理成章。還有，要合理化公共圖書館運用公共資源的方式，就必須透過建築讓讀書這件事，書本背後所代表的文明遺產與現代知識，取得一定程度的莊嚴高貴性格。

哈斯汀設計的建築果然莊嚴高貴，門口還有兩隻巨大的石獅子沉穩坐鎮，明白顯示與過往歐洲王族的牽連關係。落成開幕沒多久，紐約市民很快就理解並接受吸收了這中間的象徵意義——以前身分使人高貴，現在知識使人高貴。以前為王族貴族保留的宮殿式空間，現在被挪用來存放書本，並對所有熱愛讀書，對知識好奇有興趣的人開放，進入圖書館，你身上就附加了一種不同的，超越世俗限制的身分。

哈斯汀不止要抬高書籍與知識的現代地位，他也要讓尋找書籍追索知識的行為，帶來新的經驗。在寬大、開放卻又充滿精密細節的建築物裡，找書並從書中找答案，是件多麼有尊嚴的事！

將近一個世紀後，西雅圖要設計一棟新的公共圖書館，建築師庫哈斯*設計了一棟完全由玻璃包覆，用交錯幾何線條組成的建築。上下清楚分成四塊，像是用四本巨形透明大書堆疊而成的。開放式的書庫在中間層，書庫的走道迂迴盤旋而上，讓書架可以不被樓層劃分給打斷，一路綿延。閱覽室在上層，被玻璃包圍，也就被周圍的西雅圖街景還有遠方的海景包圍。大門入口有一個會堂，庫哈斯將之命名為「客廳」。

這座公共圖書館和紐約的老建築，看來如此不同！然而，這兩棟建築卻是依照同樣的道理蓋起來的，也都是遵從同樣一套邏輯，才成為地標性的重要建築的。庫哈斯的設計緊緊依隨書籍與閱讀的新角色而來的。書不再新鮮，讀書被視為陳舊無聊的活動，進而電視電腦手機取代了書籍成為生活中最親近習慣的物件，因此，庫哈斯一方面想辦法拉近書跟生活的距離，另一方面要打造找書與讀書經驗的新鮮刺激感。

哈斯汀讓書莊嚴高貴，庫哈斯讓書活潑刺激，他們都不是從建築本位出發設計的，而是更仔細考慮了要讓藏了大量的書的建築，對市民們訴說什麼樣的意義，這意義的源頭，來自於書，更來自於那個當下紐約或西雅圖市民對書的直覺觀感，這樣設計出來的建築物，不只是建築，會是市民樂於接受的有機生活內容。

〈知識放大鏡〉

* **庫哈斯** (Rem Koohas, 1944-)

荷蘭建築師，1944年出生於荷蘭鹿特丹。早年曾當過記者和撰寫電影劇本，1968至1972年間，於倫敦的建築協會學院（AA School of Architecture）學習，之後又前往美國康乃爾大學。

1975年，在倫敦與Zenghelis夫婦和Madelon Vriesendorp共同成立了大都會建築辦公室（Office for Metropolitan Architecture，簡稱OMA），後來OMA的總部遷往鹿特丹。目前，庫哈斯是OMA的首席設計師，也是哈佛大學設計研究所的建築與城市規劃學教授。

庫哈斯於2000年獲得第22屆普立茲克獎。他設計的西雅圖公共圖書館（The Seattle Public Library），贏得《時代》雜誌2004年最佳建築獎，與2005年美國建築師協會的傑出建築設計獎（AIA Honor Awards）。

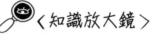

3.

奧篤邦的畫，不是大自然實景，
而是他以仿聲鳥和響尾蛇為角色，在畫面上創造出的一個虛構故事。

二〇〇〇年三月，拍賣市場上出現了一本舊書，立刻引起西方博物館與收藏家的高度重視。幾經拉鋸，最後這本書以八百八十萬美金，差不多兩億七千萬台幣的價錢賣出。

什麼樣的書那麼貴？那是一本奧篤邦（John James Audubon）的《美國眾鳥》，一八四〇年代出版時，就只印了一百七十本。因為數量稀少，幾乎每本都是珍本，也幾乎每本都有收藏紀錄，目前可考的，有一百零九本流傳下來。《美國眾鳥》是一本圖畫書，裡面一共有奧篤邦繪製的鳥圖四百三十五幅，而且是本大書。

在美國，大型的圖畫書被通稱為「咖啡桌書」，適合放在客廳茶几上翻閱。奧篤邦的書形式上屬於「咖啡桌書」，但最好不要隨便放到哪個人家的咖啡桌上。因為很少有咖啡桌堅固到可以承受《美國眾鳥》兩百磅（九十公斤！）的重量。

奧篤邦堅持，他畫的鳥都要跟大自然裡的實物一樣大。還好他的「鳥」類定義，是一般山林野外觀察得到抓得到的品項，不包括鷹鷲類，要不然書大概就沒有機會印成了。為了找人投資印這樣一本書，奧篤邦從美國去到英國，使盡渾身解數，才湊足了夠多的贊助訂戶，開版印刷，印製過程每一個階段，都是人類印刷史上的突破性成就。

奧篤邦畫的鳥，筆法細膩、色澤鮮豔、身態靈動，更重要的，幾乎每一幅都有觀者可以想像的故事呼之欲出。最有名的一幅，畫的是北美仿聲鳥，在開滿黃花的樹枝間藏著一個鳥巢，五隻驚惶躍起的仿聲鳥繞著鳥巢飛，仔細一看，原來是牠們的巢裡鑽進了一條蛇，蛇的尾巴隱現在花葉間，可以看出來是條可怕的響尾蛇。響尾蛇張著大嘴對準一隻小鳥，其他的鳥又驚又怕，其中一隻從後面靠近響尾蛇，用牠尖硬的小喙正準備要啄向蛇凸大的眼睛！

看到這樣一幅畫，很少人能不為之動容，留下深刻印象。奧篤邦的書，能創造出巨大的長久價值，靠的就是故事。他自己寫書畫書出版書，每個過程都有故事。

例如他曾經遭遇過幾乎將白天太陽都遮蔽了的北美信鴿群，花了兩小時才從天空飛過，鴿群的糞便如同下雨般，地上留下了一大片鴿糞染成的白色。他簡單快速算了一下，那一群信鴿，至少有一億隻！而且他畫出來的鳥，也都穿過畫面，挑逗述說著觀者不知道、好奇的故事，這是「故事創價」最精采的示範。

後來其他北美動物學家觀察研究，響尾蛇其實不會爬樹，更不會以仿聲鳥作為呑食對象。是的，**奧篤邦的畫，不是大自然實景，而是他以仿聲鳥和響尾蛇為角色，在畫面上創造出的一個虛構故事。但是他的筆法他的安排，如此符合仿聲鳥和響尾蛇的形象，更符合一般人對於動物世界戲劇性的期待，他的故事因而具備豐沛的感動價值，不會隨著時間經過而褪色，反而還不斷加值。**

4.

透過藝術品，看見平常我們不會集中、專注去看的真實生命、真實時空、真實故事。

一九九五年一月，天寒地凍而且早早就黑透了的紐約冬天夜晚，七點鐘左右，兩個女孩在長島哈德遜河邊，聽到橋上有人落水的聲音，再看，一條身影在水中緩緩地朝入海口游去。當時，哈德遜河的水溫只比冰點高一些些。

第二天早晨，有人發現了河上的浮屍。不同於一般溺斃的人，這具屍體臉朝上仰浮著，而且雙手交叉擺在胸前，狀態極為安詳，令人難忘。屍體撈上來後，發現死者是雷強生（Ray Johnson）*，而且他的口袋中放了一千六百元美金。

雷強生是位行事詭異的藝術家，他創作過許多拼貼的小畫，可是他的畫是不賣的，畫完了，他就把畫放在信封裡，裡面附上一張指示，請收到的人再將畫作轉寄出去，然後隨便填寫抄來的地址寄出去。他的藝術品，不是那些畫，而是畫被寄出去，在人間流轉的現象。

他還曾經寄出幾千封邀請函，請人家到畫廊看畫展，不過上面寫的畫廊並不存在，當然也就不可能有那樣的畫展。那是他藝術的另一種形式，想像人們的生活被這些邀請函改變了，在那段時間中整裝出發，去尋找一個不存在的畫廊，一個不存在的畫展。

他也玩「瓶中信」的遊戲。常常把裝了紙條的瓶子，投擲進大河裡，還會在搭渡輪時，把不知裝了什麼東西的郵包，順手丟進水中。

雷強生投河的那天下午，他打電話給一位老朋友，說他正要進行一場「遞送」（delivery）表演。稍早之前，他也曾在給另一位朋友的信中，提到自己正在準備一個重要的、最後的藝術品。

顯然，那藝術品，就是雷強生自己安詳的屍體被海潮和水流「遞送」回來，形成的無可複製影像。那是他生命的終結，卻也是他的終極藝術品。因為雷強生一直都是現代藝術最強烈的信徒，相信：藝術和生命是同一回事，藝術不是生命的代現，生命本身就是藝術，藝術只能從生命中展現。

以前，藝術剪取、改造生命中的一段故事，用不同的媒材予以翻寫表現。然而，二十世紀大興的現代藝術，拒絕這種生命與藝術分屬不同材質、不同領域的界劃，他們要讓藝術就在生命中、以生命本身來表現，也要讓生命當中，而不是生命之外，擁有藝術意義。杜象將一具平常馬桶放到美術館展覽是這樣的用意，雷強生安排自己特別姿態、特別流向的浮屍，也是這樣的用意。

對他們而言，藝術品不再抄錄、轉寫生命故事。能夠被看到被解讀的藝術品，只是真實生命故事的線索，不是要看藝術品、欣賞藝術品，而是透過藝術品，看見平常我們不會集中、專注去看的真實生命、真實時空、真實故事。

只有了解雷強生的生命故事，那具浮在哈德遜河上的屍體才不只是屍體，而是有意義的藝術品。

5.

瑞恩的雕刻本事，無法說服馬克吐溫，
不過環繞著她浮現出的天才故事，而不是她具體的雕塑成就，說服了美國國會。

這是美國國會山莊裡的石像，林肯總統的石像。幾百萬訪客看過這座石像，很多人甚至不必靠近察看底座的銘刻，遠遠看就說：「啊，林肯！」那麼理所當然。美國國會裡有公認美國最偉大總統的雕像，是很理所當然。

因此，很少人會問：「雕像裡林肯手上拿什麼東西？為什麼讓他用這樣的姿態拿這樣的東西？」他手上那一捲東西，有故事的。而且不只一個故事，不只一種說法。

馬克吐溫的說法是：「林肯總統拿著一條餐巾布，表情不悅地想著：為什麼不把它洗乾淨呢？」

馬克吐溫在開玩笑，是的。官方說法應該是：林肯手上拿著「釋奴令」文件，

那團看來輕飄飄的紙捲，卻是靠著林肯的決心與毅力，加上五年南北內戰才換來的。那團看來輕飄飄的紙捲，給了美國黑奴自由，決定了他們完全不同的命運。那團看來輕飄飄的紙捲，正是林肯最重要的歷史成就。林肯表情凝重，顯然在思考「釋奴令」的歷史意義。

官方故事聽來很有道理啊，馬克吐溫幹麼那樣尖刻嘲諷？馬克吐溫針對的，其實不是林肯，也不是「釋奴令」，他是衝著雕像來的，更精確地說，他是衝著那做雕像的作者來的。

這座雕像在林肯遇刺後六年，一八七一年的一月揭幕的，雕刻家瑞恩（Vinnie Ream）只有二十四歲。二十四歲要雕出如此龐大的作品，夠驚人了，但還有更驚人的，這不只是林肯總統的雕像，這是美國國會山莊裡擺置的第一座全身大雕像。美國國會動支了十萬美金的預算，委託製作這座雕像，那整個案子，不是國會議員或政府機構提出來的，而是瑞恩一八六五年林肯身亡後立刻提議的，老天，那時候，瑞恩不是才十八歲？

是的，當時瑞恩是個十八歲的小女生，而且她從來沒有正式學過雕刻。十六歲時，她去參觀雕刻家米爾斯的工坊，看見米爾斯正在用黏土捏塑傑克遜總統銅像的原型，瑞恩脫口而出說：「這我也會！」出於好玩，米爾斯給她一塊黏土，她竟然真的就像模像樣學著捏起來。藉由米爾斯的關係，十八歲之前，瑞恩就有機會幫林肯總統塑半身雕像。

林肯遇刺後，瑞恩立刻向國會提議幫林肯總統塑像，這個想法很好，可是由十八歲、才剛離開學徒身分的小女生來做，那些國會大議員們怎麼可能答應？麻州參議員就明白反對，而且不客氣地諷刺：「乾脆叫她代替葛蘭特將軍帶兵算了！」

然而，參眾兩院都就這個案子慎重其事投了票，而且兩院都通過了！為什麼？憑什麼？

憑瑞恩成功地為自己打造了一個故事，讓這個故事在議員間流傳，將對她最不利的條件轉成議員無法拒絕的理由。

另外一位參議員幫瑞恩爭取經費時，講得最清楚：「這位來自培育出林肯的西部土地的年輕女孩，展現了直覺的天分，她能直接夠忠實地模仿自然，根本無須啃讀埋在墳裡的人或書啊！」

瑞恩的雕刻本事，無法說服馬克吐溫，不過環繞著她浮現出的天才故事，而不是她具體的雕塑成就，說服了美國國會，才留下了瑞恩的作品。

6.

崔洛普的坦白實話，違背了那個時代讀者對於文學、對於文學作者的想像。

英國小說家崔洛普（Trollop）一八八二年去世時，各大報爭相刊登的紀念文章稱他是「英國的榮光」、「最偉大的小說家」、「文學巨人」，而且讀者也以空前的熱情購買、收藏他的小說，崔洛普的名聲達到了最高點。

然而，才沒幾年，「崔洛普熱」快速退燒了，不只是書籍銷售停滯，而且越來越多人認為他的小說作品未臻一流水準，缺乏永恆的價值。崔洛普其人其書，因而被埋沒了差不多四分之一世紀，到一九一〇年代，才重新被挖掘出來閱讀，也才重新被擺放回文學史殿堂位置上。

這樣的評價起落，當然牽涉到文學、社會品味的變遷，也牽涉到偶然的潮流因素，不過除此之外，還牽涉到崔洛普死後出版的《自傳》。

崔洛普的《自傳》一八八三年出版，引起最大重視與討論的，不是自傳中記錄了什麼祕密或醜聞，而是當中最不足為奇的日常生活習慣。崔洛普略帶自豪地表示：寫作生涯中絕大部分時間，他每天天沒亮就起床，從五點半開始坐在桌前寫小說，寫到八點半。他會將掛錶放在眼前，要求自己每十五分鐘至少要寫出兩百五十字。如果在八點半前寫完了一部小說，他也不會停下來休息，馬上拿出一張新的紙，寫下一部小說的開頭。八點半到了，停筆，準備到郵局去上班。

崔洛普的寫作生涯，三十五年中寫出了四十九部長篇小說，其中許多年他還一邊上班，一邊維持每週到野外打獵的習慣，如果沒有清晨寫作的嚴格紀律，他怎麼可能保持那麼大的產量？

換句話說，從崔洛普的文學產量上看，沒有道理對他《自傳》裡披露的寫作規律感到任何意外。然而，英國讀者很意外，英國讀者很失望。他們不敢相信崔洛普可以這樣寫小說，或者說，他們不願相信崔洛普是這樣寫小說的。

崔洛普的坦白實話，違背了那個時代讀者對於文學、對於文學作者的想像。他的生命事實違背了那個時代普遍的文學創作故事。讀者們以為文學內容應該有如天啟般，向作者揭示，在靈光乍現的片刻，作者如痴如狂進入另一個世界，飛筆將文學記錄下來。靈感不來時，作者就被癱瘓了，他必須焦慮、痛苦地等待、追尋，忍耐荒枯的生命情境，祈求下一道靈光降臨。文學怎麼可能、怎麼可以用崔洛普形容的那種無聊方式產生？那樣產生的文學哪會有多高的價值？

閱讀崔洛普《自傳》感覺強烈反感的讀者，腦中多半有浪漫主義大詩人們的鮮明形象。雪萊說：「你不能說：『我要來寫一首詩』，就開始寫詩。詩是從無明的風中無預警吹來的。」柯利芝從二十五歲後，就持續掙扎，再也寫不出自己滿意的詩。馬拉美花了三十六年的時間，才完成了六十首詩。韓波呢？十九歲之後就再也不寫詩了。

這些詩人故事，形塑了讀者對於文學創作的想像，倒楣的崔洛普，偏偏不符合這樣的想像。在詩人故事的對照下，讀者突然在崔洛普的作品中，讀到了粗製濫造的不愉快氣味，於是自然將崔洛普降等，順帶把他的作品推入邊緣角落去了！

故事常常比事實更有力量，左右主宰了我們對於事物的基本認知，不止關於文學家該如何創作，而是無所不在影響著人的各種評價判斷。

7.

幾百個市場，幾千攤菜販中，這個市場這一攤獨獨突顯出來了，就有一些人被故事帶領到這菜攤前，為了親歷故事裡訴說的老闆娘和她的熱情。

台北南區的市場裡有一攤菜販，老闆娘很厲害，只買過一次菜的顧客再度上門時，她都能夠順手抓出幾樣菜來擺在顧客面前，準確的就是人家上次買的菜。老闆娘還記得不同顧客間的複雜關係，去買菜時老闆娘會順便告訴妳：妳家小姨子帶著小孩昨天也來買菜。

去年我幫台北市政府編一本介紹台北的書，訪問報導的文章裡把這攤菜販的故事寫進去了，結果市政府的行政人員審稿時簽註意見，特別要求改這一段，理由是：「買菜的人上次買的，不一定這次就買一樣，而且小姨子有沒有來買菜也無關客人要買的菜，這樣形容老闆娘的生意特色，不是很有說服力。」

看了審稿意見，我愣了一下——可是老闆娘真的就這樣做，而且那攤菜販賣得比別人貴上好幾成，生意卻好得要命啊！老闆娘的態度，正是讓這攤菜販能夠在市場脫穎而出的真實關鍵，報導要從何改起？

再想了一下，我明白了市政府行政人員認為文章沒有說服力的關鍵，因為他們從直接功利的角度看待生意，不能理解菜攤老闆娘經營本能中創造出來的深層價值。老闆娘在幹麼？她在突顯自己的菜攤和別的菜攤不一樣的地方，除了買菜賣菜的行為外，她和顧客還有別的關係、別的互動。

拿出顧客上次買的菜，不是預期顧客這次一定買一樣的，而是一方面具體展示對顧客的印象與重視，另一方面體貼顧客習慣、喜歡吃青菜的選擇。市政府人員不懂，老闆娘卻視為理所當然的，是顧客透過金錢想要買的東西。

錢能在任何一攤、任何市場買到青菜，錢也能買到青菜以外太多太多其他東西。德國社會學家齊美爾一百多年前就提醒了：「正因為金錢現在可以購買如此眾多的東西，並因此變得沒有色彩，沒有特點，它不能再用來補償那些非常特別的、純屬例外的關係，在這些關係中會碰到個人內心深處的本質東西。」

金錢讓我們不需要依賴特定的菜園，到處都能買到青菜。卻也因而使我們跟青菜之間失去了特別關係。聽起來或許奇怪，但經過貨幣經濟那麼久的薰陶訓練，人並沒有喪失對於「特別關係」的渴望嚮往。我們最想買的，剛好是一般認為貨幣經濟中無法用錢買到的。

菜攤老闆娘憑藉著過人的記憶，加上多一點的努力，在青菜買賣中增添了「特別關係」，賣青菜的同時，多賣了親切的認同關係，認同你在數十種蔬菜中特有的喜好，認同你周遭的關係環境，並提供訊息讓你也能多去經營跟小姨子的互動。這些，比金錢明白可以換來的青菜，更吸引人啊！

更進一步看，這位老闆娘以不同的賣菜風格，把自己打造成值得轉述值得流傳的故事。幾百個市場，幾千攤菜販中，這個市場這一攤獨獨突顯出來了，就有另外一些人被故事帶領到這菜攤前，為了目睹親歷故事裡訴說的老闆娘和她的熱情。無法直接賣錢的熱情與故事，才支持了老闆娘的菜能夠比別人賣得貴啊！

8.

故事原本最迷人的地方，就在它把人帶進一個異質的時空中，放掉了自我，融化在故事創造的時空裡。

「專欄」，在報業史上最早的意義，是報紙上僅有由作者掛名的文章。十九世紀，西方報紙上幾乎看不到任何作者的名字。不只是新聞記者不會掛名，就連點綴新聞的文藝邊欄，也常常找不到作者。美國總統林肯年輕時曾經歷過兩次嚴重的憂鬱心理危機，其中一次，據説他還寫了一首關於自殺的詩，刊登在地方報上。百餘年來，史家努力找這首詩，都找不到。其中關鍵因素就在：林肯發表在報上的詩，依循當時慣例，顯然沒有署名。

這樣的傳統，今天還可以在像《經濟學人》*這樣的老牌英國雜誌上看得到。翻遍《經濟學人》雜誌，你找不到他們的記者或編輯的名字，大概只有三篇「專欄」才在文章上大大方方列出作者姓名。

然而，《經濟學人》是少數中的少數了。現代報紙雜誌的慣例翻轉過來了，從第一頁到最後一頁，大大小小每一篇文章都有具名的主人。只剩下「社論」用報社立場出之，不透露真正執筆人的身分。

為什麼會有這樣的逆轉？其中一個理由是責任與法律影響。誰寫的文章誰負責，就算報社雇用的記者編輯，機關也無法替他們承擔一切文字責任，更何況是社外的作者。所以大家通通白紙黑字有名有姓，冤有頭債有主。

另外一個同樣重要，甚至可能更重要的理由，則是二十世紀個人主義精神的空前昂揚。不只是寫文章的人，要求個人名聲；讀文章的人，也養成習慣越來越不信任匿名作者。具名給讀者一種假想的安全感，喔，我可以認識這個人，知道文章的經驗、觀點來源，也就可以提防、檢查，決定要對這篇文章採取怎樣的閱讀態度。

所有的經驗，都必須要是個人經驗，因為集體經驗需要的社群信任感瓦解了。以前報紙的態度是——相信我們的人才來讀我們的報紙；後來報紙的態度變成——我們給你這些人的這些東西，你自己判斷選擇吧！

如此時代氣氛對民主發展有幫助，卻對故事與故事傳統，構成了最大的威脅。

故事原本最迷人的地方，就在它把人帶進一個異質的時空中，放掉了自我，融化在故事創造的時空裡。我們隨著美人魚的故事，進入海洋與陸地的隔絕情境，體會非人非魚「跨界生命」的曖昧與痛苦，以參與想像美人魚的確存在的態度被故事包圍，渾然不會察覺、不需察覺，美人魚故事到底是誰寫的，不知道美人魚的個人具體生命來源，不知道安徒生還有安徒生寫過的其他童話，非但無害我們享受美人魚故事，反而解放了美人魚，可以供不同的人用不同的方式傳述，**故事取得集體生命，那就不再是「安徒生的故事」，變成每個聽故事的人「自己的故事」。**

可惜，今天講起「自己的故事」，都不再是這樣的意思了。我們只知道、只相信一種「自己的故事」，以為只有發生在自己身上的平凡、貧乏經驗與感受，才構成、才叫做「自己的故事」。

〈知識放大鏡〉

* **《經濟學人》**(The Economist)

報導新聞與國際關係為主的英文刊物，每週出版一期，由倫敦的經濟學人報紙有限公司出版。雖然它的發行方式更像週刊，但《經濟學人》將自己定位為報紙，因此，每一期除了提供分析與意見外，還報導整週發生的所有重要政經新聞。1843年9月發行至今。

9.

正因為期待著有將來還要回頭記憶述說的故事要發生，所以我們不辭麻煩地拍照、洗照片、排相簿。

以前的人不隨便照相的。從照相術發明以來，絕大部分時間，照相是一項專門技巧，而且牽涉複雜的程序。

絕大部分時間，要照相，得學會光圈、快門、焦距，以及這三者的彼此關係，就算學會了，都無法保證拍到的照片是「成功」的。絕大部分時間，相機很昂貴，拍照前得先準備底片，拍好了的底片又得經過專業程序沖洗，才能在暗房裡複製出相片來。

這樣的程序，影響、決定了過去照片的性質。在生活不停流淌的活動中，照相將其中一個特殊時間點靜止下來、保留下來。照片留下來的，就和沒有進入相機框框的其他活動，明確區隔出來。照了相的光景，可以長期存留；沒有照的，就永遠失去，再也回不來了。

相片留住了片刻，更重要的，相片只能留住片刻。相片是神奇的時間凍結裝置，在千千萬萬形影中，留住了極稀少的一個。為什麼保留這個而不是其他的，就成了照相無可逃躲的首要思考。

所以大家都會挑「重要」的場合拍照。拍照需要有理由的。典禮、儀式、旅遊、表演，是最理所當然的照相場合。拍下的每一張照片，背後都有著更多不可能都拍下來的時間與活動，於是，照片就成了縮寫紀錄的手段，看照片，不只看照片上顯現的，還藉由相片提醒，記起了環繞著照片的時間、空間、角色、情節。

從一個意義上看，那樣拍下來的照片，每一張都是一個故事的提示。先有人生當中值得未來回頭訴說的故事，我們才照相。時移事往後，翻開相簿，不管有沒有化成語言明確地說，看著照片我們的記憶心緒都會開始對自己說故事。

說人生第一次領身分證的故事，沒看過那麼亮的燈突然在眼前一閃，嚇得臉色青灰像個難民。說去仙公廟的故事，長長的石梯好像怎麼爬都爬不完，爬不動了在階邊的亭子裡休息，外婆從綁好的包袱裡拿出天未亮時就準備的飯糰，白白的米飯裡面包的是黑黑的海苔醬。說畢業的故事，合照相片裡少了管理組長，聽說有畢業生要找人來扁他，所以典禮還沒結束，管理組長就消失了。說結婚的故事，去三仙台看海的故事。

相機、照相逼我們隨時評斷自己的生命，衡量自己生命的故事所在處。在生命重要的轉折處，只要是自己可以預見的，我們就帶著相機一起前往。**正因為期待著有將來還要回頭記憶述說的故事要發生，所以我們不辭麻煩地拍照、洗照片、排相簿。這樣的過程中，我們進而內化習慣意識日常經驗中，哪些是有故事的，哪些只是無聊反覆，不值得動用相機。**

短短幾年內，照相先是變得那麼容易，接著還變得既不費力也不耗錢，用手機附帶的相機功能，愛拍什麼拍什麼，愛怎麼拍就怎麼拍，拍完了高興存著就存著，不高興就刪掉，每個人都留下了巨量的相片，**每一分鐘生活都可以被拍下來錄下來，看起來很方便很進步，但卻也因此照相就失去了過往幫我們揀別故事的功能，那麼多後面沒有故事支撐的相片，將來誰還會看，還能從中看到什麼呢？**

10.

要減少壓縮簡化資訊產生的決策錯誤，最有效的辦法，是重拾故事好奇，養成對故事的興趣習慣，別輕易接受別人準備好的簡單結論。

二〇〇四年美國總統大選，民主黨推出了麻州參議員凱瑞挑戰爭取連任的小布希。一開始，民主黨士氣如虹，理由無他，因為小布希四年執政，把自己搞進空前的麻煩大泥沼中。

「九一一事件」後，布希堅持要打伊拉克，甚至為了準備「第二次波灣戰爭」，讓在阿富汗的軍事行動虎頭蛇尾，根本沒有抓到「九一一」的元凶賓拉登。布希政府打伊拉克的理由是：伊拉克擁有「大型毀滅性武器」，而且跟賓拉登的「蓋達組織」勾勾搭搭，不推翻海珊政權的話，伊拉克可能將「大型毀滅性武器」交給恐怖分子，危害美國危害世界。

聯合國沒被美國的說法說服，除了英國以外的其他歐洲國家沒被美國的說法說服，布希還是一意孤行硬打了。伊拉克好打，真正難的在打下伊拉克後的問題。美國控制了伊拉克，卻沒發現任何「大型毀滅性武器」。伊拉克動亂不止，正式戰爭結束後，美軍傷亡人數反而急遽增加。接著，又爆發了美軍在伊拉克「虐囚」的大醜聞。

這樣灰頭土臉的總統，能夠爭取連任？不容易吧！

然而，民主黨的樂觀氣氛，沒能維持多久。凱瑞在討論八百七十億美金巨額軍費撥款案時，講了一句：「事實上，（在國會中）我投贊成票之前，先投了反對票。」布希陣營抓住這句話，在媒體上大做廣告嘲笑凱瑞，將凱瑞刻劃成一個立場反覆的政客，而且明明原本支持伊拉克戰爭，卻又要裝清高說自己是反對的。

幾個星期內，凱瑞的領先優勢就沒了。後來終究輸掉了大選，讓布希堂皇邁入第二任。

幹得那麼爛的總統，怎麼贏得連任的？一部分靠眾多選民只看聳動標題，卻對標題後面的故事缺乏興趣，更缺乏對標題口號的「故事敏感」。凱瑞講那句話，其實是要總結一段有故事的過程，表明他看到八百多億軍費暗中藏了太多政商上下其手的錢，所以極力反對，然而共和黨運作讓這些花費全都綁在同一個法案裡，凱瑞又不能卡住必須送到伊拉克前線的補給，才無奈投下贊成票。

這背後有多少故事！軍費編了多少項目，牽涉多少廠商，中間多少密商多少暗盤，到了國會又有多少動員說服交易。贊成、反對，當然都是將這些複雜過程的高度壓縮簡化。

不幸的是，我們活在一個習慣領受高度壓縮簡化資訊的時代，往往只能草率依照這樣高度壓縮簡化的資訊來進行最重要、最要命的決定。做出來的決定，錯是當然，對是運氣。**要減少壓縮簡化資訊產生的決策錯誤，一個辦法，最有效的辦法，是重拾故事好奇，養成對故事的興趣習慣，別輕易接受別人準備好的簡單結論，隨時多問一句：「這，該有個來龍去脈吧？這，後面的故事是什麼？」**

11.

故事結束了就是結束了。

依照班雅明（Walter Benjamin）在〈說故事的人〉文章裡的感慨，故事不同於小說，故事沒落小說興起，聽故事和讀小說的心情很不一樣。**故事，依照班雅明的說法，給我們生活裡沒有、不會有的傳奇，故事裡的主角跟我們如此不同，所以我們不能用自己的有限經驗去設想他們，所以聽故事的人用驚訝、佩服、崇拜的心情看待故事的奇特人物與奇特遭遇。**

小說呢？依照佛斯特（E. M. Forster）的分析，是用來解釋我們日常生活的。對日常熟悉的經驗，我們受限於個人感官，總是無從獲知全貌。我們不會知道在談話互動中，別人內心真正在想什麼，我們不會知道為什麼情人離開我們，不會知道究竟真正是誰鬥爭了誰，造成公司的人事變動。小說，藉由作者的虛構全知位置，把所有因素整理攤開在我們面前，回答了日常生活裡的困惑。

巨大的差別，小說總在日常經驗中打轉，故事卻要帶我們離開日常經驗。小說的前提假想是——這些人基本上跟我們一樣；故事的假設恰恰相反——正因為跟我們不同，所以這些人才會進入故事，成為故事裡的角色。

小說興起，閱讀小說養成的習慣，用在看待故事上，帶來了種種災難，終於導致故事的沒落，甚至瀕臨消滅危險。舉個例子說明吧！電影《鐵達尼號》是個不折不扣的傳奇故事，那樣的巨大災難背景下產生了那樣激烈悲哀的愛情。我們誰也不會進到那種非常情境裡，所以對傑克和蘿絲的愛情，照理說我們只能驚訝、佩服、崇拜。可是很多現在的觀眾他們不會用對待故事的態度來看電影，他們會質疑，那麼短的時間內怎麼可能就愛得可生可死？他們會猜測傑克或蘿絲其實別有動機、別有用心，不可能是那麼單純的愛情。更進一步，很多人就算當下受到感動，出了電影院還是忍不住說一句風涼話：「如果傑克沒死，他們後來會不會在一起還很難說呢！」

這樣的反應，基本上就是小說式的。日子還會過下去，生活永遠有「然後呢？」小說的結尾只是暫停，只是作者在繼續淌流的日常時間中，武斷地劃了一道界線，但他沒有辦法真正叫停，沒有辦法阻止讀者在小說結束後，堅持地問：「然後呢？」

故事卻不是這樣。故事是非常、傳奇經驗，所以故事在什麼地方結束，標準很清楚——不再傳奇了，就沒有故事。換句話說，故事結束就沒有「然後」了。「然後」？然後就回歸日常平常，就沒有故事，就不屬於故事的範圍了。小說沒有真正的結尾，故事有。故事結束後，其他日常平常的，就歸小說去講了。

故事結束了就是結束了。學會接受這樣「阿莎力」的時間觀，不要拖拖拉拉再問「然後呢？」我們才有機會重新學會聽故事，享受故事帶來的高度樂趣。

九歌文庫 1071

故事效應
創意與創價

作者	楊　照
責任編輯	胡琬瑜
發行人	蔡文甫
出版發行	九歌出版社有限公司 臺北市105八德路3段12巷57弄40號 電話／02-25776564・傳真／02-25789205 郵政劃撥／0112295-1
九歌文學網	www.chiuko.com.tw
印刷	晨捷印製股份有限公司
法律顧問	龍躍天律師・蕭雄淋律師・董安丹律師
初版	2010（民國99）年8月10日
初版4印	2016（民國105）年3月
定價	250元

書號　F1071
ISBN　978-957-444-706-0
（缺頁、破損或裝訂錯誤，請寄回本公司更換）

國家圖書館出版品預行編目資料

故事效應：創意與創價 / 楊照著.-- 初版
-- 臺北市：九歌，民99.08
面；　公分. --（九歌文庫；1071）
ISBN 978-957-444-706-0（平裝）

1.文化行銷　2.說故事

496　　99010588